KB144666

평범엄마의
자녀 교육
큰 그림
그리기

Foreign Copyright:
Joonwon Lee
Address: 10, Simhaksan-ro, Seopae-dong, Paju-si, Kyunggi-do, Korea
Telephone: 82-2-3142-4151
E-mail: jwlee@cyber.co.kr

평범엄마의
재녀 교육 큰 그림 그리기

2020. 1. 6. 1판 1쇄 발행
2020. 2. 21. 1판 2쇄 발행
2021. 10. 25. 개정증보 1판 1쇄 발행

지은이 | 박원주
펴낸이 | 이종춘
펴낸곳 | BM ㈜도서출판 성안당
주소 | 04032 서울시 마포구 양화로 127 첨단빌딩 3층(출판기획 R&D 센터)
10881 경기도 파주시 문발로 112 파주 출판 문화도시(제작 및 물류)
전화 | 02) 3142-0036
031) 950-6300
팩스 | 031) 955-0510
등록 | 1973. 2. 1. 제406-2005-000046호
출판사 홈페이지 | www.cyber.co.kr
ISBN | 978-89-315-5780-0 (13590)
정가 | 15,000원

이 책을 만든 사람들
기획 | 최옥현
진행 | 오영미
교정 · 교열 | 이진영, 오영미
본문 디자인 | 신인남
표지 디자인 | 박현정
홍보 | 김계향, 유미나, 서세원
국제부 | 이선민, 조혜란, 권수경
마케팅 | 구본철, 차정욱, 나진호, 이동후, 강호묵
마케팅 지원 | 장상범, 박지연
제작 | 김유석

■ 도서 A/S 안내

성안당에서 발행하는 모든 도서는 저자와 출판사, 그리고 독자가 함께 만들어 나갑니다.
좋은 책을 펴내기 위해 많은 노력을 기울이고 있습니다. 혹시라도 내용상의 오류나 오탈자 등이 발견되면 "좋은 책은 나라의 보배"로서 우리 모두가 함께 만들어 간다는 마음으로 연락주시기 바랍니다. 수정 보완하여 더 나은 책이 되도록 최선을 다하겠습니다.
성안당은 늘 독자 여러분들의 소중한 의견을 기다리고 있습니다. 좋은 의견을 보내주시는 분께는 성안당 쇼핑몰의 포인트(3,000포인트)를 적립해 드립니다.

잘못 만들어진 책이나 부록 등이 파손된 경우에는 교환해 드립니다.

초등부터 대입까지 자녀교육 풀스토리

평범엄마의 자녀 교육 큰 그림 그리기

• 박원주 지음 •

BM (주)도서출판 성안당

머리말

안녕하세요? 자녀 교육과 진로 · 진학에 대하여 경험과 정보를 나누는 평범엄마입니다. 중학교와 고등학교에서 영어 교사로 15년 정도 일하다가 평범한 주부로 돌아와 자식 교육을 위해 올인한 엄마예요. 두 해 전에 제 아이의 초등부터 대입까지 전체 교육과정에 대한 이야기를 "우리 아이 인서울 대학 보내기"라는 제목의 책으로 처음 펴내었는데, 어머니들로부터 너무나도 과분한 사랑과 따뜻한 관심을 받았습니다. 이러한 관심과 호응이 놀랍고 어리둥절하기만 했지만 아마도 제 이야기가 엄마로서 자녀 교육에 대해서 갖게 되는 수많은 시행착오와 좌절, 그리고 다시 시작하는 결심과 노력을 다루었기에 이에 공감해 주신 결과가 아닌가 생각됩니다. 학부모님들의 큰 호응과 성원에 감사하면서 "우리 아이 인서울 대학 보내기"의 '개정 증보판'을 내게 되었습니다. 이 책에서 제 아이를 키우면서 겪은 경험담을 아이의 초등학교, 중학교, 고등학교와 대입 부분으로 나누어서 들려 드리고, 제가 터득하게 된 점과 깨달은 점을 공유하려고 합니다.

저는 외둥이 엄마로서 자녀 교육의 전과정마다 매 순간이 처음이자 마지막이었던, 그래서 지금 자식을 위해 하고 있는 일이 잘하는 일인지 늘 확신이 없던 엄마였어요. 자식을 교육하는 과정에서 실수도 많이 했고 자식이 뜻대로 되지 않아서 걱정과 조바심으로 애를 태운 일들이 너무도 많았어요. 제가 제 아이를 교육시켜서 대학을 보내느라 고군분투한 모든 과정과 많은 시행착오들을 솔직하게 보여 드려서 다른 어머니들께 참고와 도움이 되길 바라는 마음으로 글을 쓰게 되었습니다.

저는 교직 경력은 있지만 입시전문가처럼 고도의 정보를 가진 사람은 아닙니다. 엄마로서 자식을 교육하면서 자식의 사춘기나 힘든 내신 관리 그리고 복잡하고 치열했던 대입 준비 전체 과정을 자식과 함께 울고 웃는 애환을 겪으면서, 하나라도 자식에게 도움이 될까 해서 이리 뛰고 저리 뛰며 정보를 모았던 지극히 평범한 엄마일 뿐입니다. 제 프로필을 보거나 제가 자식을 교육하려고 애쓴 과정을 보시고 저를 평범하지 않다고 생각하실 분들도 계시리라 봅니다. 이 '평범'이라는 말은 기준이 참으로 모호한 듯해요.

엄마들마다 처해 있는 상황과 자녀의 성향이 다르므로 제가 저를 평범한 엄마라고 말하는 것은 지극히 저의 주관적인 생각일 것입니다. 그러나 아이가 공부를 더 잘했든 덜 잘했든 간에 저는 아이를 위해서 매 순간 최선을 다했고 그럼에도 불구하고 늘 아이 키우는 일이 버겁고 힘들었던 엄마라는 점에서 저는 지극히 평범한 엄마였어요.

평범한 엄마인 제가 자식 교육과 입시에 대해서 어머니들께 들려 드리고 싶은 이야기들이 왜 이리 많은지요? "아이에게 공부하라는 소리는 한

번도 안 했어요. 아이가 다 알아서 한 거죠. 저는 그저 아이 옆에 있어 준 것뿐입니다." 하고 말하며 자식의 큰 성공 앞에서 겸손하게 모든 공을 아이에게 돌리는 것이 저를 포함한 모든 엄마들의 로망일 것입니다. 그러나 현실은 너무나도 달랐습니다. 알아서 공부를 척척 해내는 자녀가 그리 많지 않다는 것이 우리 엄마들의 가장 큰 고민입니다. 공부하는 방법을 아직 터득하지 못했거나, 공부에 관심이 없거나, 혹은 사춘기 이후 공부에 싫증을 내는 자녀들이 너무 많다는 것이 우리 엄마들이 처한 현실입니다.

제 아이는 전형적으로 사춘기 이후 공부에 싫증을 냈던 타입의 아이였어요. 초등학교 4학년 때 학교를 대표해서 교육청 수학 영재 시험을 보러 갈 정도로 영리한 아이였지요. 교육을 위해 5학년 때 서울 목동으로 이사 가자고 제안했을 때 "한번 도전해 볼래요." 하고 야무지게 대답했던 야망도 있고 학습 의욕도 높았던 아이였습니다. 그리고 교육열 높은 동네인 목동으로 이사 온 후, 공부에 매진해서 중2 때까지 전교권의 성적을 올렸던 아이였어요. 그런데 중2 여름부터 사춘기가 오더니 공부를 등한시하고 안 가던 PC방을 다녔어요. 친구에게만 집착하고 가족에게는 냉정하게 행동하기 시작했지요. 항상 해맑고 부모에게 순종적이고 다정했던 아들이 어느 순간부터 비밀이 많아지고 부모와의 대화가 없어지고, 부모와 여행이나 외식을 하는 것조차 꺼려 하면서 남같이 행동하는 거예요. 거기다 그렇게 열심히 했던 공부도 하기 싫어하고 학원마저 가끔씩 몰래 빠지면서 아이와 저의 갈등이 깊어져 갔습니다.

공부에 대한 욕심이 있어서 '하나고등학교'에 갈 계획까지 세웠던 아이였는데 공부를 덜 하고 노력을 하지 않으면서 중3 때부터 성적이 조금씩 떨어졌어요. 결국 제 아이가 그 당시 상황으로는 도저히 내신이 치열한 목동에서 기를 펴고 공부하기가 힘들겠다는 결론을 내리게 되었어요. 그래서 목동권 고등학교를 과감히 포기하고 강북권 자사고인 D고등학교를 선택하게 되었습니다.

아이의 교육을 위해서 강을 건너 이사를 하고 아이의 상황을 고려하여 적합한 고등학교에 진학시켰건만, 정작 제 아이는 가끔씩 야간자율학습과 학원을 빠지고 PC방에서 게임을 하면서 공부는 정말이지 병아리 눈꼽만큼만 했어요. 아이의 사춘기가 고2 때까지 계속되면서 저는 숱한 마음고생을 했고 자식 걱정에 애태우다 속이 새까맣게 탔었지요. 교육에 열성적이었던 엄마로서 제가 겪은 가장 큰 고충은 정작 아이는 가만히 있는데 엄마만 초조해서 이리 뛰고 저리 뛰는 주객전도가 된 상황이었습니다. 엄마는 아이를 어떻게 해서든 인(in)서울 대학에 보내려고 애를 쓰는데, 제 아이는 엄마의 수고를 너무도 몰라 주고 게으름만 피웠어요.

그런데 묘한 것은 엄마가 교육 정보를 많이 알면 아는 대로 문제가 있고, 또 엄마가 교육 정보를 너무 모르면 모르는 대로 문제가 있더군요. 저처럼 지극정성으로 자식 교육을 위해서 각종 설명회를 챙겨 다니면서 아이에게 유용한 정보들을 수집하는 맹렬 엄마들은 자식이 제대로 안 따라 주면 모든 수고가 허사가 되는 참으로 힘 빠지고 허무한 상황을 맞게 됩니다. 정보를 많이 알고 있는 엄마들은 자식에게 하나라도 더 알려 주고 싶지만, 자식이 호응해 주지 않으면 너무 상심하게 되고 그로 인해 더 큰 갈등과 대립을 겪게 되지요. 반면에 엄마들이 직장이나 집안일 등으로 바빠서 교육 정보를 알아볼 여유가 없는 경우, 자신이 정보가 어두워서 자식을 위해 할 수도 있었던 좋은 선택들을 놓친 것이 아닌가 하고 늘 불안해 하시더군요.

하지만 교육 정보를 많이 알고 있다고 해서 혹은 주변 지인들로부터 여러 아이들의 케이스를 전해 듣는다고 해서 우리 아이 교육에 대한 답이 나오는 것은 아니었습니다. 설명회에서 제가 접한 정보들은 우리 아이 상황과 잘 맞지 않는 것이 많았어요. 또 주변 엄마들로부터 듣는 자녀 교육 이야기는 커피전문점에서 서너 시간을 들어도 어차피 일부분만 터치하는 단편적인 이야기에 지나지 않았습니다. 아이의 초등학교부터 중학교, 고등학교, 대입에 이르기까지 중요한 사건이나 교육 포인트를 총망라해서 들어 볼 수 있는 기회가 없는 것이 늘 아쉬웠어요. 누군가 저에게 아이의 교육 전체 과정을 쭉 알려 주면 얼마나 좋았을까요? 저와 같은 아쉬움과 막막함을 느끼는 초보 엄마들께 제 이야기를 들려 드립니다.

물론 아이마다 상황이 모두 달라서 제 아이 교육 이야기가 잘 맞지 않는 부분도 있을 것입니다. 그러나 한 아이의 초등부터 대입까지 전체 과정을 보시면 분명히 공통되는 점들이 있고 비슷한 시기에 비슷한 고민을 하는 경우가 있다고 생각합니다. 자녀 교육의 주요 시기마다 실제 경험을 통해 깨달은 점과 자녀 교육의 주요 팁을 알려드립니다. 자녀에게 맞는 부분을 취사선택하시고 자녀 교육을 위한 장기적 계획을 세우는 데 참고가 되길 바랍니다.

아이가 원하는 대학에 가면서 저는 마음의 여유를 많이 찾았습니다. 아이가 고3일 때까지만 해도 괜히 마음만 바쁘고 초조했었는데, 이제는 대학생이 된 아들을 흐뭇하게 지켜보고 있어요. 그러다 저의 평범하지만 진솔한 교육 경험을 나누고자 네이버 블로그에 '평범엄마'라는 필명으로 자녀 교육과 입시에 대한 글을 올리고 있습니다. 이 책에는 제가 블로그에서 못다한 제 아이의 교육에 관한 풀스토리를 공개하면서 제가 느낀 실망, 좌절, 불안과 걱정 등의 애환과 함께 제가 얻은 작지만 의미 있는 깨달음과 교육에 대한 팁들을 담았습니다. 제 아이 초등부터 대입까지 자녀 교육의 전체 과정을 보여드리며 주요 시기마다 꼭 필요한 정보와 팁도 함께 알려드려서 자녀 교육의 큰 그림을 그리시도록 돕고자 합니다. 자식을 교육해서 대학을 보내는 과정에서 제가 겪은 가슴 아픈 시행착오를 참고하셔서 어머니들께서는 조금이나마 후회를 줄이시고 마음고생을 조금이라도 덜 하셨으면 하는 바람입니다. 또한 처절하게 자식과 힘겨운 사투를 벌인 평범한 엄마의 교육 이야기에서 자녀 교육에 대한 아이디어와 함께, 따뜻한 위안을 받으시길 바랍니다.

평범엄마 박원주

차 례

제3부
사춘기를 혹독하게 치르다

제4부
교육을 위해 강을 건너다

제5부
고 2, 사춘기가 저물다

제6부
고 3이 되다

제1부

초등학교가 시작되다

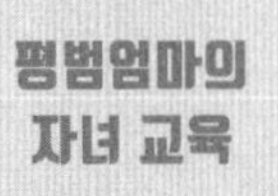

평범엄마의
자녀 교육

01

초등학교 입학

••• 취학 전 제 아이는 아주 호기심이 많고 에너지가 넘치는 사내아이였어요. 제가 고등학교 교사로 일하고 있어서 아이는 아침 일찍부터 집 근처 어린이집에 가야 했고, 저녁에서야 퇴근하는 엄마와 함께 집에 돌아오는 생활을 했지요. 아이의 초등학교 입학이 다가오면서 저는 여러 가지 많은 고민을 하게 되었습니다. 아이가 어린이집을 졸업하자, 당장 아이를 맡길 곳이 마땅치 않다는 것이 가장 큰 문제였어요. 아이가 어릴 때는 그나마 어린이집이나 유치원 종일반에 보내면서 어떻게든 해결할 수 있었지만, 초등학교에 입학하자 아이를 맡길 데가 없었습니다. 아이를 돌봐 줄 분을 집 근처에서 구하거나 학원 돌리기를 하는 수밖에 없는 상황이었지요. 저는 궁리 끝에 직장을 1년간 쉬기로 했습니다. 아이가 학교 생활에 잘 적응할 수 있도록 곁에서 보살피면서 최대한 도와주기 위해서였어요.

또 다른 걱정은 아이가 초등학교 생활에 심리적으로, 그리고 학습적으로 잘 적응할 것인가였습니다. 어린이집이나 유치원과는 상당히 다른 학교라는 환경에서 우리 아이가 정서적으로 안정감을 갖고 잘 적응할 것인가가 우선 걱정이 되었지요. 그리고 그에 못지않게 학습적인 면도 염려가 되었습니다. 조기 교육 열풍으로 아이들이 초등학교에 입학하기 훨씬 전부터 한글, 수학, 한자, 영어 등 각종 사교육을 받아 오고 있었던 상황인데, 과연 우리 아이가 학교에서 학습적으로 잘 해낼 수 있을까요? 제 나름대로는 아이의 초등학교 입학에 대비해서 한글이나 수학 등의 학습지를 시켰고, '튼튼영어 주니어'라는 영어 방문 수업도 시켰어요. 정말 이 정도만 준비하면 될까요?

초등학교에 들어가면 거의 모든 아이들이 이미 한글을 떼고 왔기 때문에, 국어 수업 때 한글을 처음부터 가르치지 않는다고 합니다. 수학도 우리 시절 산수처럼 단순한 셈하기 정도에서 그치는 것이 아니더군요. 최근 초등학교에서 가르치는 수학은 사고력 수학으로, 스토리 속에서 수를 익히는 세련된 스타일로 수업을 진행한다고 해요. 엄마들은 변화된 초등학교 수업에 맞추어 아이를 하나라도 더 준비시켜서 학교에 보내야 한다는 생각을 하게 되죠.

그리고 또 하나의 고민은 아이를 동네에 있는 초등학교에 보낼 것인지, 아니면 사립초등학교에 보낼 것인지였습니다. 동네에 있는 초등학교에 보내면 우리 아파트에 같은 학교를 다니는 친구들이 많아서, 아이가 동네에서 친구들과 쉽게 어울려 놀 수 있다는 장점이 있었지요. 반면 사립초등학교에 보내게 되면 각종 방과후 활동 프로그램이 잘 갖춰져 있어서, 아이를 오랜 시간 학교에 맡길 수 있다는 점이 매력적이었어요. 대신 사립학교에 보내면 아이가 버스를 타고 멀리까지 학교를 다녀야 하고, 동네에 아는 친구 없이 지내야 한다는 불편함이 있었습니다. 여러 가지를 고려해 보다가 저는 동네 근처 초등학교에 아이를 입학시키기로 결정했어요. 초등학교 저학년들에게는 무엇보다 동네 친구와 뛰어놀고 어울리게 하는 것이 가장 중요하다고 판단했기 때문입니다.

우리 아이가 드디어 초등학교에 입학을 했습니다. 조그만 아이가 자기 몸보다 더 커 보이는 가방을 매고 학교를 가는데, 아이가 어딘지 모르게 의젓해 보여서 뿌듯한 마음이 들었습니다. 초등학교에 입학하고 첫 한 달 정도는 학교에 적응하는 기간이라고 해서 수업을 조금만 하고 오전 10시쯤 학교를 마쳤어요. 학교가 동네 근처여서 수업을 마치고 집에 오면 동네 놀이터가 또래 아이들로 시끌벅적해졌어요. 술래잡기도 하고 자전거도 같이 타며 아이들은 마냥 즐겁게 놀았고, 엄마들은 아이들을 지켜보면서 차를 마시고 이야기꽃을 피웠지요. 아이 덕분에 동네 엄마들과도 친해지고 아이와 같은 반 친구의 엄마들과도 사귀게 되었습니다. 어디를 가나 엄마들의 공통 관심사가 다들 비슷하다 보니 아이 친구들의 엄마들과 금방 언니, 동생 사이가 되더군요. 그리고 교실 대청소나 알뜰바자회, 체육대회 등 아이의 학교 행사는 빠짐없이 참석해서 아이의 사기를 높여 주었지요. 직장을 잠시 쉬던 저에게는 참으로 평화롭고 여유로운 시간들이었어요.

아이가 초등학교 2학년이 되자, 저는 다시 고등학교에서 근무를 하게 되었습니다. 그 당시에는 요즘처럼 학교 돌봄교실 같은 제도적 장치가 없어서 초등학교 저학년 아이는 점심 급식을 먹고 난 12시 30분 정도에 바로 하교를 해야 했어요. 저는 고민 끝에 가장 먼저 문을 여는 근처 피아노 학원에 아이를 보냈어요. 아이는 학교를 마치면 피아노 학원에 가서 피아노 레슨을 받고, 곧바로 태권도 학원에 가서 그 다음 시간을 보내야 했지요. 그 이후 시간에는 월수금은 영어 학원, 화목은 수학 학원을 다니면서 이른바 '학원 돌기' 생활이 시작되었습니다. 아이가 한없이 안쓰럽고 가여워서 마음이 짠했어요. 그 어린 아이가 얼마나 힘들었을까요? 그런데 우리 아이는 기특하게도 동네에 있는 피아노 학원이든 태권도 학원이든 빠짐없이 챙겨서 다녔고, 영어 학원 버스를 단 한번도 놓치지 않고 제 시간에 타고 다닐 만큼 야무지고 영민한 아이였어요.

다시 직장 생활을 시작하자, 저는 학교 행사에 제대로 참석할 수가 없었습니다. 같은 반 친구 엄마들은 학교에 꾸준히 얼굴을 내비치며 작은 행사만 있어도 학교에 가는데 저는 그렇지 못했죠. 그래서 가끔씩 아이는 시무룩한 표정으로 저에게 하소연을 하곤 했어요. "다른 친구 엄마들은 다 오는데 우리 엄마만 맨날 안 오고…." 저는 그럴 때마다 "엄마는 우리 아들을 위해 항상 열심히 일하고 있어서 그런 거니까 씩씩한 네가 엄마를 좀 이해해 줘." 하고 말하곤 했어요. 저와 같은 워킹맘들은 아이가 초등학교에 입학하면 정말 몸과 마음이 무겁습니다. 챙겨 줘야 할 학교 준비물은 왜 그리 많을까요? 학교 행사는 또 왜 그리 자주 있을까요? 저는 우리 아이에게 엄마가 아들을 위해서 열심히 일하고 있다는 것을 설명해 주고, 사랑한다는 말로 섭섭한 마음을 달래 줬어요. 감사하게도, 순진하고 착한 우리 아이는 금방 수긍하면서 밝고 씩씩하게 잘 자라 주었습니다. • • •

여기서 잠깐! 평범엄마의 한마디

초등학교 입학 준비

자녀의 초등학교 입학을 앞두고 계신 어머니들, 걱정이 참 많으시죠? '아이가 초등학교에 잘 적응할까? 학습적으로 밀리지는 않을까?' 이런 고민들을 하고 계실 겁니다. 자녀에게 하나라도 더 가르치고 준비시켜서 초등학교에 보내고 싶은 것이 엄마들의 마음이잖아요. 하지만 아이가 한글을 떼고 수 개념을 어느 정도 익힌 상황이라면 너무 걱정하지 마세요. 또 자녀가 친구와 잘 어울려 놀고 정서적으로 안정되어 있다면 학교라는 낯선 환경에서도 잘 적응할 거예요. 아이를 격려해 주시고 자신감을 심어 주시면 씩씩하게 잘 해낼 거예요.

02

초등생의 독서와 일기 쓰기

●●● 제가 아이와 초등학교 시절 가장 신경 쓴 것은 독서와 일기 쓰기였어요. 1학년 때부터 3학년 때까지 이 부분을 잘 챙기기 위해서 아들에 대한 남편의 부드러운 관여와 긍정적인 피드백을 잘 활용했습니다. 왜냐하면 아들은 평소 아빠를 정말 많이 따라서 때로는 엄마의 잔소리 백 번보다 아빠의 말 한 마디가 주는 위력이 크다는 것을 너무 많이 보아 왔기 때문이죠. 그래서 남편에게 아들의 독서와 일기 쓰기에 대한 칭찬을 꼭 해 달라는 부탁을 하곤 했어요. 아이는 아빠로부터 칭찬과 적절한 선물을 받고 난 후에 더욱 열심히 독서와 일기 쓰기에 집중하는 모습을 보이곤 했습니다.

독서와 일기 쓰기 두 가지에 제가 꾸준한 관심을 가진 이유는 아이들은 세상으로부터 사실과 정보, 지식을 받아들인 후 자신의 경험을 바탕으로 이해하고, 이를 다시 소통하는 과정을 통해서 인지력과 이해력이 지속적으로 성장해 나간다고 생각했기 때문입니다. 유년기 때는 이른바 육체적인 성장과 함께 사고력도 균형 있게 성장해 나가는 것이 중요하다고 생각했어요. 아이의 사고력이 꾸준하게 성장하기 위해서 사실과 정보, 지식을 입력하는 과정인 '독서'와, 이를 자기가 소화해 낸 후 출력하는 과정인 '일기 쓰기'가 균형감 있게 함께 진행되어야 한다는 소신이 있었습니다.

그래서 저는 아이의 독서 목록을 초등학교 입학 전부터 부지런히 챙기고, 독서를 통해 인지력과 이해력을 성장시켜 주기 위해서 도서 구입에 대한 비용 지출은 아끼지 않았던 것 같아요. 집안 가득히 빼곡하게 쌓여 있는 다양한 책들을 보면서 남편이 가끔 놀라기도 했지만, 결국에는 아들과 함께 그 책들을 모두 읽어 냈지요. 아이가 초등학교에 입학한 이후에는 도서 목록에 전집류가 등장하기 시작했습니다. 위인전과 역사 이야기, 생활 도서 등 다양한 도서를 골라 읽게 했어요.

또 제 아이는 3학년 때부터 '주니어 플라톤'이라는 독서 토론 프로그램을 같은 아파트에 사는 또래 친구들과 함께 진행하였습니다. 아이들이 책을 읽고 자유롭게 자신의 의사를 표현하며 상대방의 이야기를 경청하는 훈련을 하는 데 유익했던 교육 프로그램이었어요.

아이는 초등학교를 졸업할 때까지 일기 쓰기를 매우 꾸준히 했습니다. 글씨가 예쁘지는 않았지만 하루하루 생활한 내용을 알차게 잘 기록하였고, 아이 자신도 일기 쓰는 것에 대한 거부감이 거의 없는 편이었어요. 엄마와 아빠의 다분히 의도된 지속적인 격려와 칭찬이 아주 좋은 동인이 되었던 것 같아요. 특히 4~5학년 때는 독서 활동과 더불어 일기 쓰기를 통해서 아이의 작문 실력이 단계적으로 잘 성장해 나갔고, 아이의 의사표현도 명확하고 풍부해지는 느낌을 많이 받았답니다.

초등생 자녀를 두신 어머니들, 부모로서 초등 자녀 교육에 대해서 많은 고민을 해야 할 것이 있다면, 저는 단연코 독서와 일기 쓰기라고 말씀드리고 싶어요. 읽고 쓰는 평생의 좋은 습관을 가질 수 있도록 도와주고 관리해 주는 것이야말로 엄마가 자녀에게 해 줄 수 있는 가장 중요한 교육이 아닐까 생각합니다. 그리고 읽고 쓰는 능력은 사고력과도 직결되어 있어서 아이 학업 능력에 절대적인 영향을 미치게 된다는 사실을 아이를 통해서 알게 되었어요. 독서력은 비단 국어뿐 아니라 수학이나 사회 등 다른 과목의 학습에서도 그 진가를 발휘하더군요. 제 아이가 중학교 때, 전교권의 학습 능력을 발휘한 것도 그 바탕에 읽고 쓰는 능력이 작용했으리라고 봅니다.

여기서 잠깐! 평범엄마의 한마디

초등 독서

아이가 어린이집을 다니던 시절부터 초등학교 저학년까지는 제가 아이에게 책을 열심히 읽어 주고, 그 책 내용이나 주인공에 대한 이야기도 아이와 함께 나누었어요. 아직 어린 자녀들에게 그냥 책을 읽으라고 손에 쥐어 주는 것보다 엄마가 실감 나고 재미있게 읽어 주면, 자연스럽게 아이들이 책과 친해지고 서서히 독립적 독서를 할 수 있게 됩니다. 이러한 과정을 거쳐 우리 아이들의 감성이 조금씩 자라나서 인성과 품성을 형성하게 되는 것 같아요.

아이에게 좋은 책들을 부모님이 골라 주시는 것도 좋지만, 아이가 독서에 흥미를 붙일 수 있도록 도서관이나 서점 아동서적 코너에서 아이가 직접 읽고 싶은 책을 고르게 해 주세요. 아이들이 흥미를 가지고 단번에 읽어 내는 책들이 어쩌면 가장 좋은 책일 수 있습니다. 일단 아이가 독서에 흥미를 붙이면 아이의 읽기 수준에 맞게 조금씩 책 수준을 높여 가는 과정이 자연스럽게 진행되더군요.

03

초등생 아들아이의 놀이

••• 초등학교에 입학한 아들과 같은 또래 친구들 5명 정도가 한 아파트에 살고 있었습니다. 아이들끼리 친하게 어울려 다니다 보니 엄마들끼리도 자연스럽게 친해지게 되었어요. 초등학교를 갓 입학한 남자아이들에겐 정적인 학습도 중요하지만 아주 동적인 놀이도 그만큼 중요하다고 생각하여, 저는 아이의 놀이에도 꽤 신경을 쓰고 있었답니다.

남자아이들이 정말 집중하는 놀이들이 몇 가지 있습니다. 첫 번째는 단연 축구였어요. 남자아이들 사이에서 인기 있는 친구는 축구 실력에 따라서 자연스럽게 가려지더군요. 동네 아파트 정중앙에 있던 조그만 놀이 공간은 우리 아파트 남자아이들이 차지했는데, 그곳에서 가장 많이 하는 놀이가 축구였습니다. 그 다음은 야구였어요. 축구공을 가지고 좁은 공간에서 연신 끙끙거리며 공놀이를 하던 아이들은 축구가 재미없어지면 야구를 했어요. 어느새 야구 배트와 글러브까지 어린이용에 맞게끔 준비해서 매주 주말마다 어김없이 야구로 반나절 이상을 보내곤 했습니다. 운동을 하며 땀 흘리고, 아웅다웅 언쟁도 하면서 그렇게 친구들끼리 가까워지더라구요. 때론 사소한 시비로 몸싸움까지 가기도 했지만, 아이들이 이런 동적인 놀이를 통해서 친해지는 것은 틀림없는 사실인 듯합니다. 마지막은 수영이었어요. 수영은 제가 어른이 되어 뒤늦게 배우려 했으나 잘 되지 않았던 아쉬움이 있어서 아이는 일찍 배우게 했어요. 그런데 의외로 아들이 잘 배워서 언뜻 보기에도 꽤 괜찮은 수영 포즈가 나왔습니다. 우리 아이는 또래 친구들과 수영 배우러 다니는 것을 즐겼어요. 수영을 배운다기보다는 수영장에 가서 신나게 물놀이를 하고 왔지요. 이 시기에 주말이면 남편이 아들과 동네 친구들과 함께 야구나 축구를 하며 놀아 주고, 집에 와서 욕조에서 함께 샤워를 하면서 장난치는 모습을 볼 때 저는 참으로 행복해 했습니다. 지금까지도 그 장면이 행복한 순간으로 기억에 선명하게 남아 있는 것을 보면 말이지요.

그런데 아이들이 운동하는 것을 보면서 엄마들은 뜨거운 경쟁 의식을 느끼기도 했습니다. 이것은 시간이 지나고 보면 그야말로 아무 의미도 없고 불필요한 감정의 소모였어요. 제 아이는 축구에는 그리 탁월한 재능이 있어 보이지 않았습니다. 그렇지만 수영은 다른 아이들보다 배우고 익히는 속도가 훨씬 빠른 편이었어요. 제 아들이 수영을 배우는 속도를 보고서 같은 동네 엄마가 자기 아들이 빠르게 익히지 못하는 것에 대해 상당히 스트레스를 받다가, 별도로 추가 개인 레슨을 받게 하는 것을 보았습니다. 대부분 아이가 하나이거나 둘인 가정이다 보니, 아이들 하나 하나가 너무 소중하죠. 그래서 그 아이들의 다양한 교육활동에 정말 많은 신경과 비용을 쓰게 되는 때가 단연코 초등학교 때인 것 같아요.

어머니들, 이 시기에는 우리 아이들이 정말 잘하고 즐거워하고 재미있어 하는 것이 무엇인지를 잘 살펴야 합니다. 내 아이가 옆집 아이에 비해서 어떤 과목을 못한다고 해서 스트레스를 받게 되면, 제대로 아이 교육에 신경을 쓸 수가 없게 됩니다. 사실 엄마들의 이러한 불필요하고 소모적인 경쟁 의식은 스스로 알고 있어도 실제로 잘 조절이 되지 않을 수 있어요. 그러나 이 부분을 잘 조절하지 못한다면 절대로 아이들 교육에 긍정적인 영향을 줄 수 없다는 점을, 저는 아이들 운동 놀이를 보면서 깨닫게 되었어요. 엄마의 초조함과 조바심이 아이에게도 전달되어 아이도 불안해 하고 스트레스를 받더군요. 좀 더 느긋하게 지켜봐 주시고, 아이의 소질과 재능은 모두 다르니 다른 아이와 자꾸 비교하시지 않기를 권해 드립니다. ●●●

04

ADHD 해프닝

••• 초등학교 취학 전에도 성격이 활달하고 명랑하며 모든 일에 에너지가 넘쳤던 우리 아이는 초등학교에 들어가서도 아주 밝게 생활했습니다. 초등학교 때는 성격면에서 평소 긍정적이고 유쾌한 아빠 성품을 많이 닮은 것 같았어요. 우리 아이는 또래 친구들과 놀 때나 또는 학습을 할 때 항상 목소리가 크고 행동이 다소 큰 편이었어요. 긍정적으로 본다면 아주 적극적이고 활달하다고 할 수 있으나, 신중하게 본다면 소위 말하는 '오버'가 있는 남자아이였지요.

아이가 초등학교 2학년이었을 때로 기억합니다. 너무나도 왕성한 활동력과 커다란 목소리, 동작이 큰 행동 등으로 동네를 시끄럽게 하며 뛰어놀던 제 아들을 보고, 아주 내성적인 아이를 가진 친한 언니 한 분이 제게 조심스럽게 말씀을 건네셨어요. "자기야! 혹시 자기 아들이 ADHD(Attention Deficit Hyperactivity Disorder: 주의력 결핍 과잉행동장애)가 아닌지 검사 한번 해 보는 게 어때?" 저는 순간 매우 당황스러웠고 이내 불안한 생각으로 마음이 꽉 채워졌지만 결코 내색할 수가 없었습니다. 왜냐하면 늘 제 아이가 그 언니 아들을 놀리고 장난치고 여러 가지로 힘들게 해서 평소에 그 언니에게 미안한 마음을 가지고 있던 터라, 그분이 충분히 그런 말씀을 하실 수 있다고 생각했었기 때문입니다. 그러나 제 마음의 불안감과 초초함은 결코 쉽사리 사라지지 않았습니다. '정말 우리 아이가 ADHD일 수도 있겠구나. 이를 정말 어쩌지?' 하고 며칠 동안 속앓이를 하다가 남편과 상의를 해야겠다고 생각했어요.

어느 주말, 저는 정말 심각한 얼굴로 남편에게 자초지종을 이야기했습니다. 남편은 파안대소를 하면서 웃어 넘겼습니다. "ADHD? 하하하~하! 나는 어릴 때 우리 아들보다 10배는 더 별났었는데…. 아마 학년이 올라갈수록 나아질 거야. 우리 아들은 내가 잘 알아. 걱정할 게 전혀 없어."라고 하는 것이었어요. 저는 남편 이야기를 들으면서 '아이가 아빠를 닮아서 극성스럽고 개구쟁이로구나.' 하고 생각하였고 조금이나마 위안을 받았습니다. 사실 시어머니께 남편의 어린 시절에 대해 들은 적이 있는데, 제 남편이 온 동네 아이들과 너무 심하게 장난을 쳐서 시어머님은 단 하루도 동네 아주머니들한테 항의를 받지 않은 날이 없었다는 이야기였습니다. 그래도 그때 며칠 동안 저는 정말 너무 심각하게 깊은 고민에 빠져 밤마다 잠을 설쳤었는데, 다행히 그것이 기우였다는 것을 시간이 흐른 후 알게 되었지요.

아이는 3학년이 되고 또 4학년이 되면서 정말 남편 말대로 제법 의젓해졌습니다.

어머니들, ADHD 또는 그와 유사한 행동 특성은 우리 아이들이 어릴 때 겪게 되는 가장 흔하고 익숙한 것이라고 합니다. 좀 더 기다리고 지켜보았더니, 이런 모습들이 우리 아이가 성장해 나가는 과정 중의 하나였다는 것을 말씀드리고 싶어요. 설령 ADHD라고 진단을 받더라도 이것은 무슨 난치병이나 정신병이 아니고, 신체적 장애나 정신적 결함이 있는 것도 아니랍니다. 토마스 에디슨, 윈스턴 처칠 등 위대한 분들도 ADHD 성향을 보인 경우가 많았다고 해요. 그만큼 에너지가 넘치고 성장잠재력과 가능성이 많다는 이야기겠지요. 제가 그랬던 것처럼 아이들이 성장해 가는 과정 속에서 일부 나타나는 모습을 보며 너무 예민하게 반응하는 것은 아닌지 생각해 보셔야 할 것 같아요. 혹시 우리의 잘못된 오해와 성급함, 그리고 우리 아이들에 대한 이해 부족이 빚어낸 해프닝은 아닌지 한 번쯤 꼭 생각해 봅시다.

● ● ●

여기서 잠깐! 평범엄마의 한마디

초등생 ADHD

ADHD(Attention Deficit Hyperactivity Disorder)는 우리말로 '주의력 결핍 과잉행동장애'라고 부르는데, 아동 청소년의 정서 문제에 있어 가장 흔한 진단명 중 하나라고 합니다. 여기서 오해하지 말아야 할 것은 진단명이기 때문에 '장애'라는 단어를 붙이지만, 이때 의미는 우리가 흔히 알고 있는 '장애(Disability)'와는 달리 '질환의 이름(Disorder)'을 뜻한다는 것입니다. ADHD는 주로 여자아이보다는 남자아이에게서 발생되는 경우가 많고, 어릴 때 발생했다가 성장하면서 증상이 점차 완화되는 경우가 대부분이라고 합니다. 우리 아이처럼 목소리와 동작이 크고 장난을 많이 친다고 해서 모두 이 증상을 가진 것은 아니니 너무 걱정하지 않으셔도 됩니다.

05

우리 아이 영어 교육 이렇게 시작했어요

••• 저도 다른 부모들처럼 아이의 영어 교육을 어떻게 시작하면 좋을지 정말 많은 고민을 했었습니다. 대학에서 영어를 전공했고 중 · 고등학교에서 영어교사로 일하고 있던 제가 정작 제 아이의 영어 교육은 어떻게 시켜야 할지 잘 모르겠더라구요. 초기 영어 교육에서 중요한 것은 '무엇을'이 아니라, '어떻게'였습니다. 저는 아이에게 주입식으로 강요하듯 가르치지 않고 즐거운 분위기에서 부담없이 언어로서 영어를 접하게 하는 자연접근식 영어 교수법(Natural Approach Method)을 활용하고 싶었습니다. 그래서 너무 이른 나이에 영어를 가르치는 것보다는 아이가 학습적으로나 심리적으로 준비가 될 때까지 기다려 주는 편이 낫겠다는 생각을 했습니다.

그러나 7세가 될 무렵, 우리 아이만 영어를 가르치지 않고 있는 것이 아닐까 하는 불안감과 조바심 때문에 영어 유치원을 보낼 것인가를 심각하게 고민했어요. 초등학교 입학이 다가오면 어느 부모라도 조금씩은 이런 불안감을 느껴 보셨을 거예요. 그래서 뭐라도 좀 더 준비해서 보내야 하지 않을까 하는 마음이 들고, 주변에 아이를 먼저 초등학교에 보낸 선배 엄마들한테 이것 저것 물어보게 되더군요. 우리 아이가 유치원을 다니던 당시에도 영어 조기 교육 열풍이 대단해서 영어 유치원을 보내는 부모들이 꽤 많았어요. 저도 영어 조기 교육이라는 거센 시류에 어느 정도는 마음이 흔들리고 있었습니다. 하지만 별다른 준비가 안 된 아이를 갑자기 원어민 선생님이 계신 낯선 영어 유치원에 보내기가 망설여졌고, 사실 비용적인 측면도 너무 부담스러웠어요.

결국 초등학교 입학 1년 전에 영어 유치원 대신, 상대적으로 부담 없는 '튼튼영어 주니어'라는 가정방문식 영어 수업을 받도록 했습니다. 선생님이 주1회 집에 오셔서 20분 정도 수업해 주시는데, 영어로 놀아 주시니 즐겁게 영어를 접할 수 있었어요. 영어를 우선 소리로 듣고 따라하게 하고, 적절한 상황이 표현된 그림과 함께 문장도 보여 주면서 강요 없이 아이를 편하게 영어에 노출시킬 수 있었어요. 또 집에서 제가 수시로 해당 영어 비디오 테이프를 보여 주며 반복 학습하게 했더니, 아이가 크게 힘들이지 않고 쉽고 즐겁게 간단한 영어 통문장과 표현들을 배우더군요. 우리 아이는 이렇게 초등학교 입학 전 1년간 '튼튼영어 주니어'로 영어에 대한 기초적인 감각과 표현을 익혔습니다. 그러나 오디오나 비디오 테이프를 통하여 영어 문장을 듣고 따라 말하는 연습을 하는 것과 주1회 선생님과의 짧은 만남만으로 충분하지 않아 보였습니다. 또 아직 아이가 어려서 언어에 대한 자기방어 심리가 덜 작용할 때에 원어민 선생님과 만나게 해 주어야겠다고 생각했어요. 그래서 원어민 선생님이 직접 아이와 소통하고 수업해 주시는 원어민 영어 학원을 알아보게 되었습니다. 주2회 내지 주3회 2시간씩 그들의 제스츄어와 함께 살아 있는 말들을 듣고, 처음엔 눈치로 알아듣고 서서히 소리를 이해하여 알아듣는 과정을 거쳐 말하기로 이어지게 하여서 자연스럽게 영어를 습득하기를 원했어요.

우리 아이가 초등학교에 입학할 무렵, 원어민 수업을 하는 K 영어 학원을 보내면서 본격적으로 영어 교육을 시작했어요. 이 학원에서는 100% 원어민 영어 수업이 진행되었고, 다행히 친절하고 유머러스한 원어민 선생님께서 담임 선생님이 되어서 아이는 즐겁게 영어 학원을 다녔습니다. 여기서는 주로 영어 단어가 가진 소리를 배우는 파닉스 수업과 상황에 맞는 간단한 영어 문장을 말하는 초기 회화 수업이 진행되었어요. 주입식이 아니라 활동 위주의 영어 수업을 진행했지요. 저는 영어 교육에 있어서 반복 학습의 중요성을 너무나 잘 알고 있었기에, 아이가 주3회 영어 학원을 다녀오면 그때마다 엄마와 함께 복습을 하도록 했고 학원 숙제를 일일이 확인해 주었습니다. 아이의 초기 영어 교육을 학원에만 맡기지 않고 집에 와서 반드시 복습을 시키면서 관리했던 것이 지금 생각해 보아도 참 잘한 일인 것 같아요.

초등 영어는 중 · 고등학교의 영어 교육 방식과는 상당히 다르다는 것을 알고 있어서, 성급하게 제가 중학교나 고등학교에서 학생들을 가르친 방식대로 우리 아이에게 영어를 직접 가르치지 않았습니다. 그 대신 처음엔 '튼튼영어 주니어'라는 학습지로 시작해서, 다음엔 원어민 영어 학원을 보내며 그들의 노하우와 방식을 어깨 너머로 조금씩 연구해 나갔어요. 우리 아이의 초기 영어 교육에서 제가 집에서 복습을 시켜 배운 것을 확인하고 연습시키는 보조자 역할을 주로 담당했던 것도 아주 잘한 일이라고 생각됩니다. ●●●

여기서 잠깐! 평범엄마의 한마디

초등 영어 교육, 재미있고 자연스럽게 시작하세요.

아이의 첫 영어 교육을 영어 유치원이나 학습지, 혹은 엄마표 영어 등 여러 형태로 시작하게 되는데 아이와 엄마의 상황에 맞게 취사선택하시면 됩니다. 아이가 영어에 흥미를 가질 수 있도록 다양한 방식으로 영어에 노출시켜 주시는 것이 중요해요. 초기 영어 교육에서는 듣기와 말하기가 가장 중요하므로 영어 그림책, 영어 동요, 그리고 TV나 컴퓨터 등을 통한 영어 교육 프로그램이나 동영상 등 다양한 방식을 활용해 주세요. 알파벳과 파닉스, 단어 암기와 문법이라는 정해진 순서를 강요하지 않고, 어린 아이가 모국어를 배우듯이 최대한 자연스럽게 영어를 체득할 수 있도록 즐거운 분위기에서 칭찬과 격려를 해 주시는 것이 좋습니다.

06

영어 원서 읽기

••• 우리 아이 초등학교 저학년 때까지 저는 아이와 함께 책을 읽으면서 아이가 꾸준히 독서할 수 있도록 분위기를 만들어 주었어요. 독서와 더불어 영어 독서도 조금씩 병행해 나갔습니다. 사실, 우리말로 독서 지도하기도 벅찬데 영어 독서까지 교육하는 것은 쉽지 않지요. 그러나 영어 원서 읽기가 얼마나 효과적인 영어 학습 방법인지를 저는 너무나 잘 알고 있었기 때문에 아이에게 부담을 주지 않는 선에서 영어 원서를 함께 읽었습니다.

영어 원서 읽기는 원어민 어린이들이 읽는 초기 단계의 읽기 훈련용 교재인 리더스를 포함하여 읽는 재미를 더해 주는 영어 동화책, 그리고 점차 읽기 수준이 높아짐에 따라 본격적인 읽기책인 챕터북으로 연결됩니다. 챕터북을 읽을 정도의 읽기 수준이 되면 우리나라에서 중학교는 물론이고 독해 위주의 고등학교 영어에 아주 수월하게 접근할 수 있습니다. 영어 원어민들은 체계적으로 읽기 수준을 높여 나갈 수 있도록 기초 단계부터 읽기 레벨이 표시되어 있는 영어 원서 책을 많이 창작했고, 이런 책들을 활용해서 영어 문해력을 높여 나가고 있어요.

영어 원서 읽기가 우리나라에 알려지고 관심을 끌게 된 것은 사실 그렇게 오래 되지는 않았습니다. 처음에는 미국 등 영어 사용 국가에서 몇 년간 체류하고 돌아온 가정에서 영어 원서 읽기의 효능을 알고 영어 문해력을 향상시키기 위해 자녀에게 계속 영어 독서를 시키면서 조금씩 알려지게 되었어요. 지금은 영어 원서 읽기에 대한 관심이 높아져서 많은 분들이 엄마표 영어로 영어 원서 읽기 지도를 시도하고 계십니다.

그러면 영어 원서 읽기는 구체적으로 어떤 면에서 효과적일까요? 우선 영어 원서를 통해 원어민들이 실제로 사용하는 생생한 영어 표현을 접할 수 있다는 장점이 있어요. 국내에서 만들어진 영어 교과서나 영어 회화 코스북 등은 영어를 외국어로서 배우는 우리 아이들에게 너무나 어색하고 인위적인 표현들이 많이 나옵니다. 그러나 영어 원서를 읽게 하면 원어민이 하는 실제적이고 풍부한 영어 표현에 우리 아이들을 자연스럽게 노출시킬 수 있어요.

영어 독서의 또 다른 장점은 아이들이 상황과 스토리 속에서 영어 어휘와 문법을 배울 수 있다는 점입니다. 영어 단어를 무작정 암기하고 두꺼운 문법책을 보며 문법을 억지로 학습하는 것이 아니라, 영어 스토리북을 보며 이야기와 함께 나오는 수많은 어휘들과 언어 데이터를 보면서 어휘와 문법을 서서히 습득하게 됩니다. 영어 스토리북에서 그 단어가 쓰인 맥락을 함께 보면서 익힌 후 원서에서 그 단어를 여러 차례 반복해서 만나면 아이들은 그 단어를 확실하게 기억하게 돼요. 그리고 영어 문장들을 통해 수많은 영어 사용 데이터를 접하게 되어 영어식 어순에 익숙해지면서 영어 문법도 훨씬 수월하게 터득하게 되지요.

요즘 초등 엄마들 사이에서 엄마표 영어로 영어 원서 읽기를 지도하는 것이 아주 큰 인기를 끌고 있죠? 우리 아이가 초등학교 저학년이었을 때에는 지금만큼은 아니어도 영어 원서 읽기에 대한 엄마들의 관심이 높아지고 있던 때였어요. 아이가 초등학교 4학년 때까지는 제가 학교에 근무하고 있어서 아이의 교육을 학원에 맡길 수 밖에 없었지만, 아이가 영어학원을 마치고 집에 오면 그 날 배운 내용은 반드시 그 날 안에 간단히라도 복습을 시켰어요. 제 아이 초등 1학년 때는 영어학원에서 주로 파닉스와 간단한 워크북 등을 숙제로 내줬고, 초등 2학년, 3학년 때부터는 리더스 읽기를 숙제로 내주더군요. 이렇게 학원에서 배우는 파닉스를 집에서 연습시켜 주니까 아이는 파닉스를 힘들이지 않고 쉽게 배울 수 있었어요. 그리고 학원 숙제로 나온 초기 단계의 리더스를 집에서 아이와 함께 큰 소리로 여러 번 읽어 보면서 영어 원서 읽기를 시작했어요.

그러다가 제가 아이 교육에 전념하기 위해 학교를 그만 둔 후부터는 영어 원서 읽기를 조금 더 본격적으로 지도할 수 있었어요. 그때는 아이가 이미 초등학교 5학년이 되어 영어학원에서 숙제로 내준 영어 원서를 꾸준히 읽은 상황이어서 글밥이 많고 두꺼운 영어 원서인 챕터북을 읽을 수 있는 수준에 근접하고 있었답니다. 그래서 스토리가 화려하고 재미있는 시리즈를 골라 얇은 책부터 점차 높은 단계의 두꺼운 책으로 영어 독서를 지도하기 시작했어요.

우리말 독서는 아이가 고학년이라 충분히 독립적으로 할 수 있었고, 또 독서 토론 수업과 병행해서 진행했기 때문에 읽은 내용에 대한 확인이나 더 깊은 분석이 가능했어요. 그런데 영어 독서는 아이가 고학년이 되었다고 무조건 독립적으로 읽기를 시키는 것이 현실적으로 어려웠어요. 영어는 외국어인데다, 책마다 완전히 새로운 단어들도 불쑥불쑥 나오다 보니 아이가 챕터북 읽기에 흥미나 자신감을 잃을 수도 있거든요. 그래서 저는 초등학교 6학년까지는 아이와 영어 독서를 같이 했어요. 초등 저학년 때처럼 일일이 옆에서 읽어 주거나 아이에게 큰소리로 읽어 보게 하지는 않더라도, 아이가 읽는 원서를 저도 함께 읽으면서 아이의 질문을 받아 주고 아이가 어려워할 만한 어휘나 복잡한 문장 구조 등을 설명해 주었습니다.

영어 원서 읽기가 영어 실력을 쌓는 데 아주 효과적이라는 것은 우리 아이를 통해서도 알 수 있더군요. 초등학교 시절 영어 원서 읽기를 꾸준히 시켰더니 중학교에서는 영어를 아주 편하게 공부할 수 있었고, 고등학교에서는 영어 독해가 자신이 있으니까 영어 공부에 많은 시간을 할애하지 않아도 우수한 성적을 받을 수 있었어요. 그리고 대학생이 된 지금도 영어 공인 시험에서 조금만 공부해도 고득점을 받고 있어요.

여기서 잠깐! 평범엄마의 한마디

꾸준한 학습 관리를 통해 영어 실력을 기를 수 있어요.

초등 자녀의 영어 교육은 가정 상황에 따라 학원이나 학습지 혹은 엄마표 영어 등 다양한 형태로 진행되지만 아이가 배운 내용은 반드시 복습할 수 있도록 도와주세요. 간혹 좋은 영어 학원만 선택해 주면 다 되는 것처럼 생각하시는 엄마들이 계신데, 제 경험상 초등학교 때까지는 엄마가 꾸준히 숙제를 확인해 주시고 복습을 도와 아이가 영어의 기본기를 익히도록 보살피는 것이 필요합니다. 영어 원서 읽기 역시 꾸준히 해야 진정한 효과를 볼 수 있어요.

07

힘들면 잠시 쉬어 가도 괜찮아

••• 아이가 원어민 영어 학원을 다닌 지 4년쯤 되었을 무렵, 아이가 영어 학원을 그만 다니고 싶다고 말하는 순간이 왔어요. 우리 아이는 여러 해 동안 꾸준히 원어민 선생님과 수업을 해 와서 완전히 그들의 말을 다 이해하지는 못해도 눈치껏 영어 학원 수업을 따라갈 수는 있었습니다. 단어 암기나 문법은 차곡차곡 해 온 일이라 할 만했지만, 문제는 영어 글쓰기였어요. 매번 제가 아이의 영어 글쓰기를 도와줄 수는 없었습니다. 숙제의 주도권을 아이가 갖지 못하는 일이 생기자, 아이도 지치고 저도 지치기 시작했어요.

게다가 레벨이 올라갈수록 암기해야 할 단어의 수준이 더욱 높아졌고, 아이는 단어의 쓰임도 모르고 숙제니까 기계적으로 암기해 가고 돌아서면 모두 까먹어 버렸어요. 언어 학습에서 어휘의 중요성을 부인할 사람은 아무도 없을 것입니다. 문법이 덜 갖추어져 있어도 적절한 어휘 몇 개만 나열하면 급한 대로 말은 통하게 되어 있으니까요. 문제는 단어 숙제의 어휘 수준이 초등 단계를 훨씬 뛰어넘고 가끔씩은 중학교 단계도 뛰어넘는 경우가 있어서 아이가 큰 스트레스를 받는다는 점이었습니다. 물론 언어적으로 아주 발달했거나, 혹은 언어적 지능이 탁월해서 아무리 어려운 어휘를 암기시켜도 착착 따라오는 극소수의 또래 아이도 분명히 있습니다. 하지만 아이들은 대부분 그만한 단계에 도달하지 못했는데도 다른 우수한 아이들이 하니까 똑같은 것을 강요 당하는 상황이 안타깝게 여겨졌어요. 공부에는 노력과 고통이 따른다고 합니다. 하지만 아직 초등학교 4학년밖에 안 되었는데 무한 경쟁에 내몰리고, 자기도 더 잘하고 싶은데 잘 안되는 이런 버거운 영어 공부에 스트레스를 받는 상황이 참으로 딱해 보였어요. 그렇지만 초등학교 1학년 때부터 차곡차곡 영어 학습을 시켜 왔는데 이제 와서 영어 학원을 그만두는 것이 잘하는 일인지 도무지 확신이 들지 않았습니다. 솔직히 말씀드리면, 아이 영어 교육의 리듬이 끊기는 것에 대한 걱정도 컸지만, 다른 아이들은 지금도 우리 아이보다 높은 레벨에서 열심히 배우는데 우리 아이는 여기서 그만둬도 될 것인가 하는 부질없는 경쟁심과 조바심이 더 컸습니다. 그러나 아이가 힘들어 하는데도 엄마 욕심에 계속 밀어붙였다가는 아이가 영어에 흥미를 잃을 것이 분명해 보였어요. 그래서 아이가 5학년이 되자, 영어 학원은 잠시 쉬기로 했습니다.

지금 와서 '그때 우리 아이가 영어에 대한 능력의 한계를 느끼고 영어 학원을 그만둔 것이 잘한 일이었을까?'라는 생각을 해 보니, 그것도 괜찮은 결정이었다고 느껴집니다. 왜냐하면 그 당시 우리 아이가 스트레스 받는 것을 모른 척하고 계속 밀어붙였다면 아이가 영어에 싫증을 냈을 것이니까요. 또한 시간이 상당히 흐른 지금 생각해 보니 그런 결정이 우리 아이의 영어 학습에 크게 지장을 초래한 것 같지는 않았습니다. 아이가 지나치게 힘들어 하면 과감하게 쉬어 가는 것도 괜찮습니다.

제가 겪어 보니 아이들만 경쟁을 하는 게 아니라, 엄마들도 자녀 교육에 대한 것만큼은 경쟁을 할 수밖에 없더군요. '다른 아이들은 저렇게 열심인데 우리 아이만 영어 학원을 그만둬도 될까?' 하고 엄마들이 불안해 하시는 게 당연하다고 봅니다. 저 역시 그랬으니까요. 그러나 시간이 모든 걸 증명해 주더군요. 지금 이 순간, 아이의 영어 학원을 끊으면 큰일 날 것 같은 기분이 드실지 모르지만, 지나고 보면 다들 아시게 될 것입니다. 그래도 괜찮다는 것을요. 우리 아이는 영어를 5학년 때 잠시 쉬게 해 주니까 얼굴에 생기가 돌고 훨씬 즐겁게 생활했어요. 그리고 1년 정도 지나니까 아이 스스로 다시 영어 학원 좀 보내 달라고 얘기하더군요. 쉬는 것이 오히려 약이 되는 경우가 많습니다. 너무 초조해 하시지 않아도 된답니다.

어머니들, 저도 우리 아이가 외동인 관계로 아이 교육이 처음이자 마지막이라는 생각에 늘 불안했습니다. 이렇게 하는 게 과연 좋을까, 어떨까, 늘 확신이 없었거든요. 둘째 아이를 교육하는 것이라면 그래도 첫째 아이 경험이 있어서 취사선택을 해 가며 좀 더 자신감 있게 주관을 갖고 교육할 수 있었겠지만, 우리 아이 교육은 이게 처음이니까 항상 자신이 없었습니다. 그래서 주변 선배 엄마들의 조언을 많이 구하러 다녔던 것 같아요. 그러나 가장 중요한 것은 바로 우리 아이입니다. 아무리 좋다는 학원도, 아무리 검증받은 프로그램이라 할지라도 우리 아이가 너무 힘들어 하면 쉬어 가게 해야 한다는 것을 뒤늦게 깨달았습니다. ●●●

여기서 잠깐! 평범엄마의 한마디

초등 영어, 학습 의욕과 준비도에 맞게 진행하세요.

영어 교육에 있어 정답은 없습니다. 조기 교육이 좋을지, 오히려 해가 될지 아무도 모릅니다. 그러나 분명한 것은 아이의 특성과 학습에 대한 준비도가 그 판단의 기준이 되어야 한다는 것입니다. 아이의 특성이나 학습 의욕을 잘 파악하시고 우리 아이가 그만큼의 심리적 · 인지적 준비가 되어 있느냐를 잘 생각하시면서 영어 교육을 진행해 나가시는 것이 좋을 듯합니다. 그리고 아이가 너무 힘들어 하면 잠시 쉬어 가는 것도 괜찮습니다.

08

초등 수학 이렇게 시작했어요

●●● 제가 우리 아이 유아기 교육에서 가장 유의했던 점은 강요식 · 일제식 교육을 해서는 안 된다는 것이었습니다. 아이가 편안한 마음으로 자신의 흥미와 호기심을 채워 가며 천천히 배우게 한다는 것이 제 교육 방침이었어요. 초기 한글 교육에서 아이가 한글을 배울 준비가 될 때까지 최대한 기다려 주려고 했고, 영어와 수학도 이와 같은 맥락에서 지나친 조기 교육을 피했습니다. 그 대신 마음껏 뛰어 놀게 하고, 동화책을 많이 읽어 주고, 박물관이나 미술관 등 다양한 체험 활동을 하게 하고, 피아노, 태권도, 미술 등의 예체능 위주로 교육을 받게 했습니다.

이렇게 제 나름대로 교육 방침이 서 있고 주관이 뚜렷한 편이었지만, 저 역시 서툴고 마음 약한 엄마인지라 주변 분위기에 휘둘리는 마음은 어쩔 수 없더군요. 수학도 최대한 늦게 시키고 싶었는데,

주변 엄마들은 아이가 네 살이 되기 무섭게 이런 저런 학습지를 시켰어요. 또 초등학교 입학과 동시에 수학 학원을 보내는 등 발빠르게 움직이고 있었습니다. 이러다 우리 아이만 뒤쳐지는 게 아닐까 하는 불안감에, 저도 결국 아이가 6살이 되었을 때 수학 학습지를 시켰습니다. 그 당시에는 제가 고등학교 교사로 근무하던 중이라 전업 주부인 이웃 엄마들에 비해 아이 교육에 정성을 쏟을 시간적 여유가 많지 않아서, 급한 대로 학습지를 신청했습니다. 지금 돌이켜 보면 너무 늦지도, 빠르지도 않은 시기였다는 생각이 듭니다. 그런데 학습지를 시켜본 엄마들은 모두 공감하실 거예요. 처음엔 부담 없던 학습지도 시간이 지나 수준과 단계가 올라가면서 결국 아이가 힘들어 하거나 싫증내는 시기가 온다는 것을요. 그래도 우리 아이는 숙제를 밀리지 않고 성실하게 하면서 초등 1학년까지 수학 학습지를 했었습니다. 여기서 중요한 건 너무 일찍부터 하지 않고 아이가 감당할 만한 충분한 인지적 · 정신적 준비가 되었을 때에 시작하게 해야 한다는 것입니다. 어차피 초등학교에서 대학까지 12년 넘게 공부할 텐데 너무 이른 나이부터 공부로 내모는 건 좀 너무하다고 생각합니다. 또한 학습 효율적인 측면에서도 수학이든, 영어든 지나친 조기 교육은 부작용이 크다고 봅니다.

그 후 초등학교 2학년 때, 주변 엄마들 사이에서 창의적으로 수학을 가르치는 것으로 소문난 W수학 학원에 아이를 보내게 됩니다. 레벨 테스트를 받고 중상위권 반에 들어갔는데 학습지보다는 좀 더 전문적으로 배우는 듯한 느낌이 들었습니다. 강사진들은 모두 전공자였고, 학습지에서 배운 내용을 좀 더 심화해서 가르쳐 주셨어요. 창의적 적용이나 문제해결 방법에 집중해서 지도한다는 생각이 들었습니다. W수학 학원을 보내면서 또 하나 느낀 점은 수학도 잘하는 아이들이 참 많다는 것이었어요. 우리 아이보다 상위 레벨의 반이 여러 개 있는 것을 보고 부러운 마음도 들었고, 우리 아이도 열심히 하면 레벨 업을 할 수 있을 것이라는 경쟁심도 느꼈답니다. 제가 학원을 선택하는 기준은 여러 가지였지만, 그중에서도 특히 주변 엄마들의 입소문에 많이 의존했던 것 같아요. 그 학원에 자녀를 보내 본 엄마들의 입소문과 평가는 다소 과장이 될 수도 있지만 무시할 수도 없는 것이었습니다. 입소문이 나는 것에는 다 이유가 있었고, 실제로 아이를 보내 보니 엄마들의 평가가 100% 다 맞지는 않아도 상당히 비슷했던 것 같아요.

그런데 아이가 이 학원에서 2년 넘게 수학을 배우면서 이곳의 커리큘럼이 과학고나 영재고를 가고자 하는 아이들에게 맞춰져 있다는 생각이 점차 들었습니다. 레벨이 올라갈수록 배우는 내용은 점점 어려워졌고 우리 아이는 차츰 감당하기 어려워 했어요. 아이에 대한 기대가 컸던 저는 아이가 수학 학원 숙제를 어려워 하고 힘들어 할 때, "조금만 더 참자. 그래도 우리 동네에서는 이 학원을 제일 알아주잖아." 혹은 "이 학원에서 수학을 배우고 싶어도 레벨 테스트에서 떨어져서 못 오는 애들도 많은데 너는 참 감사한 거야. 조금만 더 노력해 보자." 라는 말로 아이를 달랬습니다. 그 당시에는 우리 아이가 엄마 말을 잘 듣고 공부 욕심도 있어서 저의 이런 허술한 설득이 통했어요. 우리 아이는 그럭저럭 이 학원에 적응해 가면서 수학 공부를 했습니다.

● ● ●

여기서 잠깐! 평범엄마의 한마디

초등학생의 수학 학습지

조급한 마음에 너무 일찍 수학 학습지를 시작하게 하면 그만큼 아이가 힘들어 하는 한계 상황이 더 일찍 올 수밖에 없어요. 같은 나이의 아이들이라 하더라도 개월 수에 따라, 혹은 개인적 차이로 인해 학습 준비도가 무르익는 데 시간 차가 생깁니다. 옆집 아이가 수학을 시작하면 우리 아이도 시작해야 한다는 논리는 지양하시고, 우리 아이 상황에 집중해 주세요. 아이의 인지적 발달과 심리적 준비 상태를 잘 고려하셔서 아이가 준비가 될 때까지 조금만 더 기다려 주세요. 학습 효율 측면에서도 지나친 조기 교육은 부작용이 크답니다.

교육청 영재 시험에 도전하다

●●● 그러던 어느 여름 날, 우리 아이가 수학적 센스도 있고 영리한 편이긴 했지만 영재급 아이는 아님을 아이 본인도 알고 저도 알게 되는 사건이 있었습니다. 학교에서 수학경시대회를 열어서 우수한 아이를 학년별로 뽑아 지역 교육청에서 영재 시험을 치르게 했는데, 우리 아이가 4학년 대표로 뽑혔습니다. 4학년에서 두 명이 뽑혔는데 거기에 우리 아이가 당당히 이름을 올린 것이었어요. 그때는 뜻밖의 영광이라 솔직히 너무 기뻤습니다. 아이도 우쭐하고 사기가 한껏 올라서 "엄마 나 천재인가 봐!" 하고 말하면서, 영재 시험에 붙어서 꼭 강서 교육청 수학 영재가 되고 싶다는 희망에 부풀어 있었어요. 저 역시 W수학 학원에서는 중상위 레벨밖에 안 되는 우리 아이가 교내 수학경시대회에서 우수한 성적으로 뽑히니, '혹시, 우리 아이가 수학 쪽으로 영재인가?' 하고 내심 기대를 하게 되었습니다.

드디어, 강서교육청에서 실시하는 영재 시험을 치르는 날이 왔습니다. 아이 아빠랑 설레는 마음으로 아이를 태워 가면서 저도 우리 아이만큼이나 떨리더군요. 그런데 시험 치르러 온 아이들이 왜 이렇게 많은지요? 아이가 시험을 치르고 시무룩한 표정으로 나오는 걸 보고 시험이 많이 어려웠구나 하는 생각을 했습니다. 아이는 자기가 풀 수 없는 문제들이 대부분이었다고 말하면서 속상해 했습니다. 남편과 저는 "괜찮아, 우리 아들이 학교 대표로 뽑혀서 여기 시험에 참가한 것만으로도 너무 대견하고 자랑스러워." 하고 아이를 달래 주었던 기억이 납니다.

과학고나 영재고를 꿈꾸는 아이들이 많이 다니는 학원을 보낸다고 해서 우리 아이가 다 그 수준이 되는 것은 아니었습니다. 그냥 조금 영리한 정도였는데 혹시나 하는 생각에 아이에게 너무 큰 부담을 준 건 아닌지 스스로를 되돌아보게 되었습니다. 이러한 경험을 통해 아이의 한계를 어느 정도는 알 수 있었어요. 그래서 아이의 능력이나 상황을 고려하지 않고 지나치게 학업 목표를 높게 잡으면, 아이도 상처를 입고 부모도 상심하는 일이 생길 수 있다는 것을 실감했습니다. 물론 목표는 조금 높게 잡는 게 맞지만, 현실을 고려하지 않은 허황된 목표는 금물이라고 봅니다.

초등학교 4학년 2학기가 되자, 아이가 좀 더 수월하게 수학을 배울 수 있는 학원으로 옮겨 주었습니다. 창의력 수학, 말은 멋있지만 아이가 너무 어려워 하면 우리 아이에겐 맞지 않다는 것이니까요.

동네에서 친한 친구들이랑 편하게 다닐 수 있는 수학 학원으로 보내면서 너무 어려운 문제를 푸느라 힘들었던 우리 아이의 부담감을 덜어 주었습니다. 그러나 5학년이 되자 이 평범한 수학 학원도 슬슬 선행 학습을 시작했고, 6개월 정도 선행해서 수학 진도를 진행해 나갔습니다. 엄마들 사이에서 말이 참 많았던, 그 유명한 수학 선행이 시작된 것이지요. 싫든 좋든 우리 아이도 이제 초등 고학년으로 접어들면서 중학교 준비에 조금씩 돌입하고 있었던 거예요.

어머니들, 수학 교육에 대해 꼭 드리고 싶은 말씀은, 소위 수학 영재나 과학 영재를 많이 배출하는 것으로 소문난 학원에서 과도한 수학 선행 학습을 시키고, 영재 테스트 기출문제 등으로 맹훈련시켜 영재로 만들어 준다는 귀가 솔깃한 유혹을 잘 처리하셔야 한다는 것입니다. 저도 아이를 W수학 학원에 보낼 때는 순수하게 창의 수학으로 문제해결력과 적용력을 키워 준다는 좋은 취지만 생각했습니다. 하지만 아이가 4학년 때 학교 수학경시대회에서 2위 안에 들고 교육청 영재 시험에도 참가하게 되니까 '학원을 일 년이라도 더 일찍 보내서 빡세게 연습시켰으면 어땠을까?' 하는 욕심이 생기더군요. 그러다 영재 시험 후 자기가 풀 수 없는 문제들이 대부분이었다는 우리 아이의 솔직한 말을 듣고서야 현실을 깨닫게 되었습니다. 영재가 아닌 아이를 과도한 사교육으로 영재인 듯 둔갑시키는 건 교육이 아니라 아동 학대입니다. 유럽 어느 나라는 수학 선행 학습을 법으로 금지하고 있다는 것을 들어 보신 적이 있을 거예요. 여기서 시사하는 바가 무엇일까요? 과도한 선행 학습이 아동 심리와 아동 발달을 저해한다는 메시지를 잊지 마세요. 물론 수학을 2년, 3년 선행해도 거뜬히 해내는 진짜 영재들도 분명히 존재합니다. 그러니까 그 아이들이 특별한 것이지요. 영특한 아이들이 많이 다니고 고난도의 문제를 다루는 학원에 보낸다고 해서 모든 아이가 다 영재가 되는 것은 아닙니다. 우리 아이의 공부, 길어요. 초기부터 너무 힘 빼지 않으셨으면 좋겠습니다.

• • •

여기서 잠깐! 평범엄마의 한마디

초등학생의 수학 교육

아이들이 어릴 때 '혹시 우리 아이가 영재가 아닐까?' 하고 생각해 보신 분들이 많으시죠? 아이가 객관적으로 탁월한 영특함을 보인다면 당연히 아이의 영재성을 더욱 키워 주고 발전시켜 줄 교육기관을 찾는 것이 맞습니다. 그러나 우리 아이처럼 조금 영리한 정도라면 너무 무리하지 않으셔도 됩니다. 아이를 성공시키고 싶은 마음은 모든 엄마들의 욕구이지만, 초등학생 자녀의 수학 교육에서 중요한 것은 아이의 인지적 · 심리적 준비도와 학습 의욕을 고려해서 적절한 속도로 진행되어야 한다는 것입니다.

10

우리 아이 초등 교육에서 잘한 점과 후회되는 점

●●● 우리 아이 초등학교 시절에 시키길 참 잘했다고 생각되는 것은 독서 토론식 수업을 하는 '주니어 플라톤'입니다. 아이가 초등학교 3학년 때 동네의 친한 친구 네 명이 한 팀이 되어 책을 읽고 토론을 하고 글을 쓰는 '주니어 플라톤' 수업을 시작했습니다. 매주 다른 책을 읽고 그 책에 대한 토론을 하면서 자신의 생각을 발표하기도 하고 다른 친구의 생각도 들으면서 사고의 폭과 깊이가 늘어날 것을 기대했지요. 물론, 남자아이 네 명이 모이다 보니 어수선하고 시끌벅적할 때도 있었지만 아이들이 서로에게서 많은 것을 배울 수 있는 소중한 시간이었던 것 같아요. 아이들이 혼자서 책을 읽고 거기서 끝내는 것이 일반적 독서인데, 이 프로그램에서는 책을 각자 읽고 난 뒤, 수업 시간에 느낀 점을 말하고 선생님 설명도 들으면서 자신의 생각을 표현하고 쓰는 시간을 가질 수 있었습니다. 우선 아이에게 꼬박꼬박 책을

읽도록 할 수 있다는 점이 좋았답니다. 3학년이 되자 영어 학원과 수학 학원에서 내 주는 숙제 부담이 만만치 않아서 독서는 뒷전으로 밀릴 수도 있었는데, 1주일에 한 권씩은 어떻게든 읽게 되니까 그나마 다행이었습니다. 그리고 책의 수준이 서서히 올라가는 것도 마음에 들었어요. 책들이 단순히 동화 수준이 아니라, 문학이나 예술, 과학, 사회 문제 등 다양한 분야를 다루고 있어서 편식하지 않고 다채로운 읽을거리를 제공해 준다는 점이 장점이었습니다. 무엇보다도 우리 아이는 친구들이랑 함께 모이는 것을 좋아해서 '주니어 플라톤' 수업을 즐겁게 계속할 수 있었던 것 같아요.

아이의 초등학교 시절에 참 잘했다고 생각되는 다른 한 가지는 아이를 동네에서 실컷 뛰어놀게 했던 것입니다. 5학년 2학기 때 목동으로 이사 가기 전까지, 우리 아이는 학원을 다녀오면 아파트 앞뒤 놀이터에서 신나게 놀고, 자전거나 롤러스케이트를 타거나 야구를 했습니다. 그 아파트에는 유난히 우리 아이 또래의 친구들이 많아서 문밖만 나가면 적어도 서너 명은 늘 놀고 있었답니다. 딱지 놀이, 구슬치기, 팽이 놀이…. 우리 아이는 한여름에 땀을 뻘뻘 흘리면서도 뛰어놀았던 아이였어요. 놀 때는 놀고 공부할 때는 공부하는 어린이로 기를 수 있어서 좋았습니다. 목동에 이사 가서 가장 아쉬웠던 것은 우리 아이가 더이상 뛰어놀 수 없다는 것이었어요. 물론 목동 아파트 단지 내에 놀이터는 존재했지만, 우리 아이 또래의 친구들은 거의 찾아 보기 힘들었습니다. 간혹 유치원생 몇 명이 나와 있는 경우는 있었지만,

놀이터가 텅 비어 있는 경우가 많았어요. 각종 학원에 가느라 놀이터에서 놀 시간을 빼앗겨 버린 아이들…. 물론 목동에 아이를 교육시키러 온 것은 맞습니다. 그러나 거기서 우리 아이가 이렇게 삭막하고 외롭게 지내게 될 줄은 정말이지 몰랐어요. 한편으로는 우리 아이를 4학년이 아니라 5학년, 그것도 2학기에 목동으로 오게 한 것이 그나마 다행이다 싶은 생각이 들었습니다. 그래도 5학년 1학기까지는 친구들과 마음껏 뛰어놀 수가 있었으니까요.

한편, 우리 아이 초등학교 시절을 뒤돌아볼 때 후회되는 점들도 있습니다. 아이에게 축구를 좀 더 일찍 시킬 걸 하는 후회가 가장 큽니다. 공부도 아니고 무슨 축구냐구요? 4학년이 되면서 남자아이들에겐 축구가 전부더군요. 초등학교 1학년 때, 동네 친한 엄마가 자기 아이가 축구를 시작하는데 같이 하자고 제안을 한 적이 있었어요. 주중 내내 학교에서 근무하느라 피곤했던 저는 주말만은 좀 쉬고 싶었는데, 공교롭게도 그 축구 시간이 토요일 오전 타임이었습니다. 저는 시간이 안 맞는다고 말하면서 아이에게 축구를 시킬 소중한 기회를 아까운 줄도 모르고 그냥 흘려 보냈어요. 저는 남자아이들 사이에서 축구가 그렇게 중요한 것인지 정말 모르고 있었거든요. 축구를 잘하는 아이는 인기가 많았고, 자신감이 높았으며, 친구 사귀기도 쉬웠습니다. 축구를 못하면 남자아이들 사이에서 기를 펴기가 힘들었어요. 진작 그 사실을 알았다면 제가 좀 힘들어도 어떻게든 그때 아이에게 축구를 시켰을 거예요. 아쉽게도 저는 이런 사실을 전혀 몰랐었고,

축구를 일찍 배운 아이들 몇몇이 과도한 경쟁심에서 욕설을 심하게 하는 것을 보고 '아이 교육상 축구는 좋지 않다.'는 우물 안 개구리 같은 생각만 하고 있었어요. 뒤늦게 축구의 중요성을 알고 목동에 가서 5학년 2학기부터 학교 방과후 활동으로 축구를 시키긴 했지만, 이미 때가 너무 늦었더군요. 우리 아이는 1, 2학년 때부터 축구를 배운 대부분의 반 아이들과는 상대가 되지 않아 축구 못하는 아이로 찍혀서 기를 펴지 못하고 외로운 생활을 한동안 이어 갔답니다. ●●●

여기서 잠깐! 평범엄마의 한마디

초등 고학년의 독서 교육

초등학생 엄마들 사이에서 경쟁적으로 영어나 수학 교육을 강조하는 경우가 많지만, 사실 진짜 중요한 것은 독서 교육입니다. 책을 읽으면서 아이의 사고력과 이해력이 발달하고, 그렇게 되면 국어 뿐만 아니라 거의 전과목에서의 학습 능력을 향상시킬 수 있기 때문입니다. 초등학교 저학년 때까지는 책을 곧잘 읽던 아이들도 고학년이 되면서 영어 학원이나 수학 학원, 그리고 각종 학습지 숙제를 하느라 책 읽을 시간을 잘 내지 못하는 경우가 많은데, 이때 독서 토론식 수업을 권해 드립니다. 독서와 토론을 연결하면서 아이들에게 주1회라도 규칙적으로 책을 읽게 하고, 친구끼리 토론도 하므로 흥미있게 수업을 계속 받을 수 있어요. 읽기, 말하기, 듣기, 쓰기, 이 모든 4개 영역이 고루 발달할 수 있습니다.

제2부

교육을 위해 목동으로 이사 오다

평범엄마의
자녀 교육

01

목동으로 이사 오다

••• 우리 아이가 초등학교 5학년이 되었을 때, 저는 다니던 학교를 그만두게 되었습니다. 갑상선 기능 저하로 몸이 늘 피곤하고 힘들어서 더이상 교사 생활을 이어 가기가 힘들었어요. 거기에 직장 생활 하느라 아이를 제대로 돌보지 못한 게 아닌가 하는 워킹맘의 아이에 대한 미안함도 크게 작용한 듯합니다. 아이가 초등학교 2학년일 때부터 저는 고등학교에서 근무를 하게 되었어요. 매일 아침 7시에 아침밥을 차려 놓고 아이 손에 숟가락을 쥐어 주면서 집을 나갔던 아픈 기억들이 아직도 생생합니다. 아이가 컨디션이 안 좋거나 아플 때도 힘들어 하는 아이를 깨워서 식탁에 앉히고 나오는데, 정말 그 심정은 말로 다 할 수가 없었습니다. 이제 집에서 쉬면서 아이를 본격적으로 관리해 주고, 아이 학교 행사에도 꼬박꼬박 참석해서 아이 사기를 올려 주리라 결심했지요. 그동안 직장 생활 하느라 부모 참관 수업에도 제대로

참석하지 못하고, 바자회 같은 행사에도 못 가서 '다른 애들은 다 엄마가 오는데 우리 엄마는 맨날 못 오고….'라며 아이가 속상해 했던 적이 한 두 번이 아니었어요. '이제부턴 아이 학교에 조그만 행사만 있어도 총알 같이 달려가야지…. 반 친구들 생일 파티에도 함께 참석하고, 우리 집에도 친구들과 엄마들을 초대해야지….' 이런 소소한 계획들을 세우면서 아이에게 올인하는 엄마 대열에 저도 어느새 합류하게 되었습니다.

그러던 중, 제가 중학교에 근무할 때 친하게 지냈던 선배 교사들이 하나 둘씩 아이를 서울 목동에서 교육시키기 위해 이사를 가는 것이었어요. 그곳에서 자리 잡은 선생님들이 저에게 목동으로 오라고 적극적으로 권하셔서, 저도 목동 입성을 심각하게 고민하게 되었습니다. 그 선배 선생님들이 목동을 강추한 가장 큰 이유는 학군이었습니다. 면학 분위기가 좋은 중학교와 고등학교로 진학하려면 목동 5단지나 6단지, 혹은 2단지나 3단지를 강추하시더군요. 또 다른 이유는 목동에 운집해 있는 우수한 학원들이었습니다. 목동 5, 6단지와 2, 3단지 사이의 큰 블록 전체가 모두 학원가인데, 걸어서 10분 안에 거의 모든 학원을 다 해결할 수 있다는 장점이 있었습니다.

자녀가 초등학교 고학년이 되면 중학교 학군에 대한 고민을 하시는 부모들이 많으시죠? 저도 아이가 5학년이 되고 제가 다니던 직장을 그만두면서 본격적으로 아이 교육에 신경을 쓰게 되자 학군 문제를 고민하게 되었습니다. 공부 좀 한다 싶은 아이들이 목동으로 이사 가는 걸 보고 우리 아이도 목동으로 전학시켜야 하는 게 아닌가 하는 생각이 든 것이죠. 뭔가 목동에 가면 아이가 그 동네 분위기에 젖어 열공하게 되고, 사춘기도 수월하게 살살 겪으면서 대학도 원하는 곳에 척척 들어갈 것 같은, 밑도 끝도 없는 막연한 희망과 낙관론이 제 마음에 떡하니 자리 잡게 되더군요. 남편에게 이런 마음을 얘기하니까 처음엔 "목동에 꿀이라도 발렸냐?", "목동 가면 다 성공하냐?"는 시큰둥한 반응을 보였습니다. 살던 집을 전세 주고 목동에 전세로 들어간다 해도 동일 평수 아파트로 가려면 꽤 많은 자금이 더 필요한 일이었으니, 목동으로의 이사는 말처럼 그리 간단한 것은 아니었습니다. 오로지 자식 교육을 위해 이렇게까지 해야 하나 싶은 생각이 들어서 엄두가 나지 않았어요.

그러나 제 마음이 한번 목동 쪽으로 기우니까 그 마음을 어쩔 수 없어서 남편을 계속 설득했고, 아이에게도 의견을 물어보았습니다. "우리 목동으로 이사 가면 어떨까? 거기 가면 중학교도 명문이고 고등학교도 명문이래. 학원도 좋은 곳이 많다네." 하고요. 그때 우리 아이가 한 대답이 지금도 또렷이 생각납니다. "한번 도전해 볼래요." 초등학교 5학년 남자아이가 이렇게 다부지게 대답하니 저도 남편도 더이상은 망설이지 않게 되었습니다. 목동의 엄청난 전세가에 대한 경제적 부담도, 번거로운 여름 이사에 대한 걱정도 우리 아이 한마디에 모두 한풀 꺾였습니다. 모든 도전에는 대가가 따르는 법이라 생각하고 5년 넘게 살던 정든 동네를 떠나서 낯선 환경으로, 그것도 엄청난 비용을 감수하고서 용감하게, 아니 무모하게 떠났습니다.

이제 와서 생각하면, 그때 제가 왜 그렇게 목동에 집착했는지 모르겠어요. 아마도 제가 뭔가에 홀려 있지 않았나 싶습니다. 목동에 대한 모든 것을 선망했고, 목동에서 아이를 교육시키면 뭔가 아이의 장래가 근사하게 풀릴 것 같은, 근거 없는 기대를 어떻게 설명해야 할까요? 그때 제가 너무 물정도 모르고 열정에만 불탔고, 어리석고 순진해서 그랬다는 이유밖에는 달리 설명할 길이 없네요. 맹모삼천지교와 같은 지극한 교육열이라 보기엔 제 결정과 선택이 너무나 비이성적이었다는 생각이 듭니다. 자녀 교육을 위해 목동이나 강남, 혹은 그 지방에서 교육열 가장 높은 지역으로 이사를 가고자 고민하시는 부모님들이 많을 텐데, 저와 똑같은 감정들을 느끼고 계실까요?

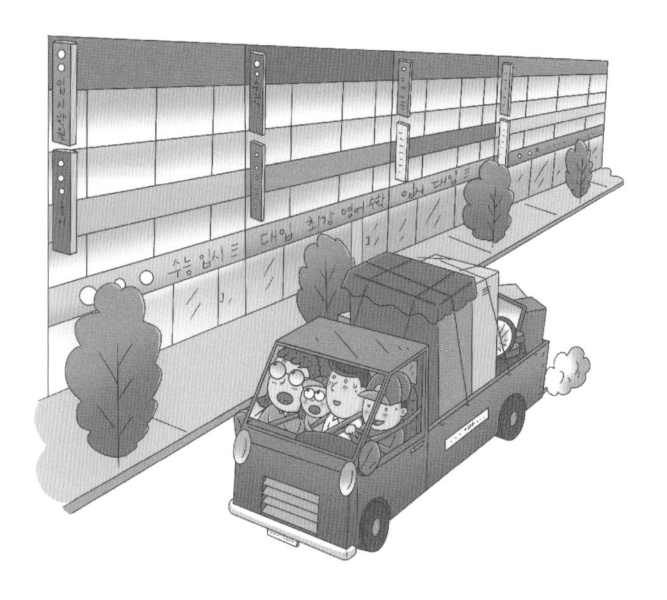

아이를 우여곡절 끝에 간신히 인(in)서울 대학에 보낸 후 이제 돌이켜 보니, 그때 이성적으로 그리고 계획적으로 꼼꼼하게 알아보고 목동을 선택했어야 한다는 후회와 아쉬움이 남네요. 결론부터 간단히 말하자면, 기대와는 많이 달랐습니다. 그래도 교육 특구에 대한 미련을 떨치지 못하신 부모님들은 저와 제 아이의 사례를 꼭 참고하시기 바랍니다.

집을 알아보러 다닐 때의 목동과 실제로 이사 가서 살게 된 목동은 상당한 차이가 있었습니다. 마치 연애할 때의 남편과 결혼 후 남편의 이미지가 달라지듯, 그 실체를 전면적으로 마주하고 나서야 우리는 그 차이를 깨닫게 되지요. 집을 알아보러 다닐 때의 목동은 참 근사하고 동네가 조용하다는 인상을 주었습니다. 그런데 막상 살아 보니, 놀이터에서 노는 또래 친구가 한 명도 없어서 여름 내내 우리 아이가 동네 친구를 한 명도 못 사귄, 외롭고 정떨어지는 곳이더군요. 집값만 비싼 게 아니었어요. 재래시장도 없고 마트에서만 장을 봐야 했는데 물가가 장난이 아니게 높았습니다. 살던 동네에서 들었던 생활비보다 훨씬 많은 생활비가 들었고, 학원비도 전에 살던 동네보다 더 비싸더군요. 과연 이게 잘한 선택인가 걱정도 되었지만, 우리 아이가 보란 듯이 멋지게 성공하면 이 모든 고생이 아름다운 추억이 되리라 믿고 변화된 환경에 놀라는 아이와 남편을 다독였습니다. 어렵게 목동으로 이사 와 힘들게 낯선 환경에 적응하면서 목동에서의 우리 아이 교육이 본격적으로 시작되었습니다. ●●●

02

목동에 적응하기 #1. 친교

••• 아이가 5학년 여름 방학 때 목동으로 이사 온 후 친구를 사귀지 못해 외로워 할 때, 그래도 위로가 되어 준 것은 H수학 학원이었습니다. H수학 학원은 목동으로 이사 오기 한 달 전부터 학원 버스로 다녔던 곳이라 낯설지는 않았고, 선생님과 같은 클래스 친구들과도 어느 정도 친해져 있었기 때문이죠. 그렇지 않았으면 완전한 고립감을 느낄 뻔 했는데 그나마 다행이었어요. 그리고 이전에 참여했었던 '주니어 플라톤' 수업도 계속 연결 받아서 목동 아이들과 그룹 수업을 하게 되었습니다. 세련되고 까칠해 보이는 목동 아이들과 그룹으로 수업하게 되면서 우리 아이는 조금이나마 외로움을 덜 수 있었어요. 주 1회 50분 정도의 수업이었는데, 한 집씩 돌아가며 모여서 읽은 책에 대해 토론하고 글 쓰는 활동을 했습니다. 저는 가장 먼저 저희 집에서 수업을 할 것을 제안했습니다. 왜냐하면 이사 와서 외롭던 우리 아이

에게 새 친구들이 세 명이나 집에 오는 일이니까요. 수업이 끝나면 아이들이 다른 학원 스케줄 때문에 얼른 일어나려고 해서 아쉬웠지만, 그래도 맛있는 과일과 간식을 푸짐하게 주면서 함께 나눠 먹고 조금이라도 놀고 가도록 했어요. 세 명은 이미 친한 사이였고 우리 아이만 새 멤버라서 좀 어색해 보였습니다. 저는 아이가 이 어색함을 어서 극복하길 바라면서, 그 세 명의 아이 엄마들과 함께 식사하는 자리를 가지는 등 아이가 이 그룹에서 잘 적응하도록 제 나름대로 도왔습니다.

드디어 지루하고 외로운 여름 방학이 끝나고, 전학 간 K초등학교에 첫 등교를 하게 되었습니다. 개학 전날 전학 서류를 접수하러 새 학교에 갔었는데, 각지에서 몰려온 전학생들로 교무실이 붐볐어요. 목동에 위치한 초등학교 고학년에서는 흔히 있는 일이라고 했습니다.

저는 우리 아이가 학교에 가서 친구들을 많이 사귀고 학교생활에도 얼른 적응하기만 바랄 뿐이었어요. 그래서 반 아이들끼리 조별 활동이나 그룹 발표 준비를 위해 장소가 필요할 때면 언제나 우리 집에서 하도록 했습니다. 아이는 우리 집에 친구들이 오는 것을 너무 좋아했고, 저도 아이들에게 맛있는 간식을 서비스하면서 아주 친절하게 대해 주었지요. 그러자 엄마들도 서서히 마음의 문을 열기 시작했어요. 아이들이 몰려 가서 어지럽히고 오는 게 뻔한 일인데, 흔쾌히 매번 장소를 내어 주는 우리 아이와 저에 대해 좋은 인상을 갖고 호감을 보였습니다.

목동에서 적응하려면 아이가 반에서 친구들을 사귀는 것도 중요했지만, 제가 같은 반 엄마들을 얼른 사귀는 것도 그에 못지않게 중요했습니다. 학년 초도 아니고 2학기가 시작된 상황이라, 이미 친한 그룹이 형성되어 있어서 그 틈을 비집고 들어가는 게 쉽지는 않았지요. 그러나 아이의 적응을 돕기 위해 학교에서 아주 조그만 행사가 있어도 빠짐없이 참석해서 반 엄마들의 얼굴을 익혀 나갔어요. 교실 대청소나 화단 가꾸기 등은 물론이고 각종 학부모 연수, 체육대회 등 참석할 수 있는 자리는 모두 참석하면서 학교 분위기도 익히고 서서히 우리 아이와 저를 그들에게 알릴 수 있었습니다. 우리 아이와 조별 활동을 했던 아이들의 엄마들 중에 우리 반 회장 엄마도 있었습니다. 제가 여러 번 우리집을 그룹활동 준비 장소로 제공해 준 것이 고마웠던지 반 모임에 저를 초대해 주셨어요. 그래서 목동에서 처음으로 엄마들 반 모임에 참석하게 되었어요. 광장이라 불리는 학원 밀집가에 엄마들이 삼삼오오 모여 티타임을 갖는 일이 많았는데 저도 드디어 그런 모임에 낄 수 있게 되었고, 그들의 입에서 나오는 생생한 정보들을 들을 수 있었습니다.

반 모임은 보통 한 달에 한 번 정도 있었어요. 10여 명의 엄마들이 모이다 보니 영어 학원 얘기, 수학 학원 얘기, 학교의 영재급 아이들 얘기 등등 갖가지 정보들을 많이 얻을 수 있었습니다. 늘 목동에서 살았고 거기에 적응한 그들은 몰랐을 것입니다. 이사 온 지 얼마 안 된 제가 그들이 쉽게 말하는 그 한 마디, 한 마디를 얼마나 열심히 듣고 있는지를요. 왜냐구요? 저에겐 너무 절실했으니까요. 반 모임에서 들은 얘기 중에 가장 좋은 정보는 영어 학원에 대한 것이었어요. 우리 아이가 5학년 초부터 영어 학원을 쉬고 있었기 때문에 영어 학원 중 어디가 가장 괜찮은지를 고민하고 있었던 시기였습니다. 바로 그때 우리 반 회장 엄마와 반에서 공부를 제일 잘하는 여자아이의 엄마 사이에서 오가는 조용한 대화가 포착되었어요. 5학년 겨울 방학에 M영어 학원에서 레벨 테스트를 보고 들어가려고 한다는 얘기였지요. 그 이야기를 듣고 그날 바로 학원에 찾아가서 상담을 받았어요. 아직 레벨 테스트를 받을 수 있는 기회가 있었고, 저는 서둘러서 레벨 테스트를 예약해 두었습니다. 그리하여 영어 학원을 몇 달 쉬었던 우리 아이가 목동 최고 레벨의 영어 학원이라 불리는 M영어 학원에 들어가게 되었답니다.

아이가 5학년 때 만난 엄마들 모임은 중3 때까지 이어졌고, 지금까지도 연락하고 있는 사람이 있을 정도로 저는 이 모임에 애정을 갖고 있습니다. 저에게는 목동에서의 적응을 실질적으로 도와준 고마운 모임이었어요. 처음엔 주목 받지 못하고 구석 자리에 앉아서 그들의 얘기만 듣던 제가 2년 정도 후에는 그들 못지않은 정보력을 가지고 정보를 나눠 주게 되었답니다. 아이 중1 때 제가 이 모임의 총무가 되면서 연락이나 장소, 일정 잡기 등의 전권을 가지게 되었습니다. 그때 이 모임 멤버들이랑 바람 쐬러 삼청동에 갔다가, 북촌 한옥 마을을 거쳐 인사동까지 전부 돌아본 일이 아직도 소중한 추억으로 남아 있어요. 정보를 얻는 것도 중요했지만 저는 그들을 진심으로 대했고 친하게 지내고 싶었습니다. 좀처럼 곁을 주지 않던 엄마들은 모임이 지속되면서 마음의 문을 열어 주었고, 나중에는 저 때문에 이 모임을 계속 나오게 된다고 얘기할 정도가 되었습니다.

어머니들, 자녀 교육을 위해 교육 특구로 이사를 생각하신다면, 거기서 얻을 수 있는 것만 생각하지 마시고, 아이가 거기서 어떻게 적응할 것인지도 고려하셔야 합니다. 아이에게 더 나은 교육 환경을 제공하려고 힘들게 이사를 결심했는데, 정작 거기에 갔을 때 아이가 너무 외로워 하고 힘들어 할 수 있습니다. 저는 이런 점은 생각해 보지도 않고 좋은 점만 보고 무턱대고 이사를 갔었던, 서툴고 무모했던 엄마였어요. 아이가 기꺼이 이사와 전학에 동의했는데도 막상 와 보니 너무 외로워 하더군요. 중요한 건 우리 아이입니다. 전학을 결정하시기 전에 자녀의 의사를 여러 번 물어보세요. 이 일은 아이의 동의가 있어야 감행할 수 있는 일임을 뼈저리게 느꼈습니다. 결과적으로는 아이가 얻게 되는 것도 있겠지만, 우선 당장 잃게 되는 것도 있기 때문에 신중하게 결정하세요. ●●●

03

목동에 적응하기 #2. 설명회 참석과 엄마들의 경험 공유

••• 제가 목동에서 나름 정보를 많이 아는 사람이 되기까지 2년 정도의 시간이 걸렸습니다. 정보가 많은 사람이 되는 게 목표는 아니었지만, 뭐 하나라도 우리 아이에게 도움이 될까 해서 여기 저기 교육 정보를 모을 수 있는 곳을 찾아다닌 결과였지요. 제 정보력의 첫 번째 원천은 유명한 목동 학원들의 설명회에 참석하는 것이었습니다. 우리 아이가 다니는 학원의 설명회는 기본적으로 참석했고, 아이 중1 때부터 고입이나 대입 설명회를 잘하는 학원들을 골라서 들으러 다녔어요. 친한 엄마들과 함께 참석하고 끝나면 식사나 티타임을 가지면서 나름 즐기면서 다녔습니다.

저는 목동에서 우리 아이와 같은 반인 아이 엄마들과 친하게 지내면서 제가 알고 있는 정보는 아낌없이 오픈해 주었습니다. 저 역시도 처음 목동에 이사 왔을 때 간절한 상황이었기에 정보를 구하는 사람이 어떤 마음인지를 너무나 잘 알고 있었기 때문입니다. 제가 먼저 오픈하니까 상대방도 조금씩 저에게 자기만 알고 있는 것들을 알려 주기 시작했어요. 이렇게 정보에 대한 후한 오픈과 공유가 제 정보력의 또 다른 원천이 되어 주었습니다. 저에게 중요한 정보를 받은 사람들은 나중에 제가 그들에게 뭔가를 물으면 이에 대한 답례로 자기가 아는 것을 모두 알려 주곤 했어요. 엄마들이 자녀를 직접 그 학원에 보내 보고 느낀 솔직한 평가와 같은 정보는 주로 엄마들과의 이러한 정보 공유에 의해 얻을 수 있었습니다. 그러나 이러한 또래 친구 엄마들의 정보는 너무 근시안적인 것들이 많았습니다. 뭔가 2, 3년 뒤를 내다보고 장기간에 걸쳐 준비를 하고 싶었는데 그러기에는 너무 지금 당장에만 유용한 정보였지요.

그런데 유달리 정보가 많고 빠른 사람이 있었습니다. 주로 위에 아이가 한둘 더 있는 집의 엄마들이었어요. 이들은 보통 저보다 나이가 더 많아서 저는 그들을 언니라 부르며 따랐고, 물어볼 것이 있거나 조언이 필요하면 밥을 사거나 차를 대접하면서 이야기를 나누었습니다. 우리 아이보다 나이가 한두 살 혹은 서너 살 더 많은 아이를 자녀로 둔 선배 엄마들, 이들은 자녀 교육에 있어 저보다 한 수 위였고 여유가 있어 보였습니다. 그리고 간판도 없이 오피스텔 같은 곳에서 진행되는 알짜 소수 정예의 팀 수업들까지 싹 꿰고 있는 베테랑 엄마들이었어요. 이런 선배 엄마들이 들려 주는 교육 정보는 지금 당장 유용한 것도 있지만, 장기적으로 아이의 2, 3년 후를 미리 준비할 수 있는 유용한 것이었습니다. 저는 이러한 베테랑 엄마들에게서 앞으로의 학습 진행 계획에 대한 힌트들을 얻을 수 있었어요. 이맘때는 뭐를 시키면 좋을지 물어보기도 하고, 아이를 기르면서 느끼는 어려움이나 고민들도 상담을 하면서 그들의 조언에 귀 기울였어요. 이러한 선배 엄마들이 공유해 준 경험들이 제 정보력의 가장 큰 비결이라고 생각합니다. 서툴지만 열정적인 후배 엄마인 제가 선배로 정성스레 대접해 주면서 조언을 구하려고 애쓰는 모습을 보이자, 그들도 자신의 시간을 내어 주었고 경험을 나눠 주시더군요. 저보다 몇 년 앞서서 이 모든 것을 겪은 선배 엄마들의 시행착오 경험담들은 저에게 큰 가이드가 되어 주었습니다.

이제는 제가 경험을 나눠 드릴 차례입니다. 저에게 교육 문제나 자녀 문제로 조언을 구하는 엄마들이 계시면, 제가 아는 범위에서 모든 걸 나눠 드리고 싶습니다. 저 역시 똑같은 과정을 거쳤기 때문에 엄마들의 마음을 너무나 잘 알고 있고 깊이 공감하고 있거든요. 또 이 땅에서 아이를 기르고 교육시켜 원하는 대학에 보내는 것이 우리 엄마들의 공통 관심사이니까요. 저 역시 선배 엄마들한테 구하고 또 구했으니까요.

어머니들께 한 가지 드리고 싶은 말씀은, 정보를 모으러 다니느라 가정 살림이나 아이가 뒷전이 되는 주객전도 현상이 있어서는 안 된다는 것입니다. 제일 중요한 것은 우리 아이잖아요. 저는 학교에서 돌아온 아이가 엄마 없는 빈집에 혼자 들어오는 일이 없도록, 아이가 올 시간에는 무슨 일이 있어도 집에서 대기하고 있었습니다. 아이를 반갑게 맞아 주고, 집에 온 아이의 표정도 살피고, 학교에서 어땠는지, 뭐가 재미있었는지, 무슨 힘든 일이 있었는지 물어보면서 아이 얘기를 들어 주고 간식도 먹였지요. 그러면 그 많은 설명회 참석이나 엄마들과의 만남은 언제 했냐구요? 당연히 아이가 학교 간 후, 오전에 주로 설명회에 참여했지요. 엄마들도 거의 오전에 브런치하며 만났고 아이가 하교하기 전에 모든 모임은 파했습니다. 가끔씩 꼭 가고 싶은 설명회가 저녁에 있으면 아이 학원 간 시간에 얼른 다녀오곤 했어요. 아이가 초등학생이든, 중학생이든 간에 엄마가 집에서 기다려 주고 함께 있어 주는 것은 중요하다고 봅니다. •••

여기서 잠깐! 평범엄마의 한마디

선배 엄마들의 정보와 조언

자녀 교육에서 선배 엄마들의 조언이 도움이 될 때도 많지만, 아이들은 저마다 다르기 때문에 선배 엄마의 조언이 절대적으로 다 옳을 수는 없습니다. 다른 아이에게 잘 맞았던 교육 프로그램이나 학원이 우리 아이에게는 전혀 맞지 않을 수도 있지요. 아이의 성격이나 성향, 학습 의욕, 학습 능력 등이 모두 달라서 아이들에게 똑같이 적용하기는 힘든 게 사실입니다. 그럼에도 우리 아이보다 두세 살 앞선 아이들은 어떤 과정을 거쳐 현재의 위치에 도달했는가는 분명히 큰 참고가 됩니다. 그리고 선배 엄마들의 축적되고 숙성된 정보력은 또래 엄마들의 정보력과는 비교도 안 될 정도로 앞서 있다는 것은 부인할 수 없는 사실입니다. 이들의 정보를 우리 자녀의 상황에 맞게 취사선택하시는 게 현명한 방법입니다.

04

목동에서의 영어 교육

••• 우리 아이가 목동에서 영어 학원을 다니기 시작한 것은 5학년 겨울 방학부터였어요. 6개월 이상 영어 학원을 쉬고 있다가 갑자기 목동 상위권 학생들이 다니기로 유명한 M영어 학원의 레벨 테스트를 받았습니다. 그리고 충격적이게도 이 학원의 가장 낮은 레벨을 배정받았답니다. 강서권에서 나름 유명한 J어학원에서 중상위 레벨이었는데, 목동에 오니까 최하위 레벨이라니…. 동네 간의 수준 차이도 있었지만, 아이가 영어 학원을 6개월이나 쉬었던 것이 가장 큰 원인이라고 생각되었습니다. 레벨 테스트 결과에 아이가 자존심 상할 줄 알았는데 의외로 다행이라는 표정을 지으면서 말하더군요. "엄마, 그래도 나는 다행이야. 오늘 같은 시간에 레벨 테스트 받은 애가 10명 정도였는데, 3명만 합격하고 나머지는 다 불합격 받았어." 레벨 테스트로 기준에 맞는 학생만을 골라서 받는 콧대 높은 학원들. 목동에서 유명한

영어 학원이나 수학 학원들은 대부분 그렇게 학생들을 골라서 받더군요. 입소문이 나 있어서 가만히 있어도 학생들이 몰려드는 학원들은 아쉬울 게 없었던 것입니다. 또 학원 입장에서는 우수한 학생들을 많이 유치해야 그 동네에서 공부 잘하는 학생들이 모이는 학원이라는 이미지를 굳힐 수 있으니까요.

M영어 학원은 초등학교 6학년부터 중학생까지를 대상으로 원어민 선생님들이 미국 교과서를 가지고 수업을 했습니다. 영어 말하기와 영어 토론(English Debate)뿐 아니라 영어 쓰기인 영어 에세이 쓰기를 아주 체계적으로 가르치는 학원이었습니다. 그리고 영어로 된 스토리북을 한 권씩 정해 주고 읽어 오게 하는 숙제도 내 주고, 한 달에 한 번씩 읽은 내용에 대한 이해 테스트를 실시했어요. 그래서 영어로 된 책을 한 달에 한 권, 혹은 두 권 정도 꾸준하게 읽을 수 있었습니다. 또 한 가지 특색은 영어 원서를 학원 도서실에 비치하고 읽거나 빌려 갈 수 있게 해서, 영어 읽기가 잘 되는 아이들에게 큰 동기 부여가 되도록 했다는 점입니다. 영어의 읽기, 말하기, 쓰기 영역을 골고루 신경 써 주는 학원이었어요.

이 학원에서는 5학년 겨울 방학에 예비 6학년을 모집했는데, 모두 4개 레벨이 있었습니다. 그중에 우리 아이는 가장 낮은 레벨의 반으로 가게 되었어요. 자존심 상하는 일이긴 했지만, 레벨 테스트에 합격한 것만도 다행이라 생각할 만큼 학원 진입 장벽이 높았어요. 우리 아이는 그 반에 처음 가더니, “엄마, 배우는 책이나 원어민 선생님

수업은 괜찮은데, 우리 클래스 애들이 나보다 영어를 못하는 것 같아. 나랑 친한 애들은 다들 레벨이 높은데 그 애들이랑 학원 복도에서 만나면 좀 쑥스럽더라. 나 얼른 레벨 올리고 싶어." 하고 말하더군요. 공부에 욕심이 있었던 우리 아이가 이렇게 의욕을 보이니까 저도 신이 나서, 아이가 학원 다녀오면 숙제도 봐 주고 함께 복습을 해 주었습니다. 이 학원의 또 다른 특징은 한 달에 한 번씩 월별 시험(Monthly Test)을 본다는 것이었어요. 학원 갈 때마다 보는 단어 테스트나 각종 복습 테스트뿐 아니라 한 달 동안 배운 내용에 대해 과목별로 총괄 테스트를 보았습니다. 우리 아이는 레벨을 올리고 싶다는 욕심에 매우 열심히 공부했습니다. 첫 월별 시험에서 우리 아이가 자기 클래스뿐 아니라 자기 레벨 전체에서 1등을 차지할 정도로요. 그 다음 달도 레벨 1등을 하자, 바로 두 번째 단계 반으로 레벨을 올릴 수 있었습니다. 아이의 사기가 높아졌고, 새로 가게 된 반에서도 전혀 뒤지지 않고 아주 재미있게 영어 학원을 다닐 수 있었습니다. 이 학원이 열심히 하는 아이들의 노력을 알아봐 주고, 또한 레벨 업이나 칭찬 등으로 아이들을 격려해 줘서 동기 부여를 잘 시켜 주는 학원이라는 생각이 들었습니다.

영어 학원에서 열심히 하는 학생으로 인정받으면서, 우리 아이는 6학년 때부터 공부에 대한 자신감을 되찾았습니다. 그리고 6학년이 되어 전학생이라는 딱지도 떼게 되면서 목동 아이들과 어깨를 나란히 하며 주눅 들지 않고 지내게 되었어요. 그리고 중학교 1학년 때까지 이 영어 학원을 다니면서 영어 실력이 많이 늘었던 것 같아요. 체계적인 영어 수업도 좋았지만, 숙제를 성실히 해 가고 복습을 꾸준히 한 것이 영어 실력 향상의 가장 큰 원인이 아니었나 하는 생각이 듭니다. 자녀를 아무리 좋은 영어 학원에 보내도, 아이가 학원에 다녀와서 제대로 된 복습 과정 없이 숙제만 해 가는 상황이 지속된다면 큰 효과는 없다고 봅니다. 적어도 초기에는 아이가 배운 내용을 집에 와서 복습하도록 엄마가 도와주시는 게 좋아요. '이것도 모르니? 너는 영어 학원 가서 도대체 뭘 배워 온 거야?'와 같은 야단이나 핀잔은 절대 금물입니다. '오늘은 뭘 배웠니? 엄마에게 얘기 좀 해 줘.' 혹은 '엄마랑 오늘 배운 거 함께 읽어 보자.'와 같이 편하게 다가가세요. 힘든 복습이 아니라 훑어보는 정도로 가볍게 시작해 주시는 게 좋겠습니다. 또 간단한 복습이라도 거르지 않고 꾸준히 하는 습관을 길러 주는 게 더욱 필요해요. 비단 영어뿐 아니라 무슨 과목이든, 아이가 집에 오면 배운 내용을 되뇌어 보는 학습 습관을 갖도록 해 주는 일이 바로 엄마들이 해야 할 일이라고 생각합니다.

초등학교 때는 영어의 네 가지 영역인 듣기, 말하기, 읽기, 쓰기를 영어 학원 등에 보내며 골고루 배우게 하지만, 결국 중학생이 되면 문법과 단어 학습에 집중하게 되더군요. 그리고 고등학생이 되면 영어 독해를 집중적으로 공부해서 내신과 수능에 대비하는 것이 일반적인 영어 학습의 진행 모습입니다. 초등 과정이든, 중등이나 고등 과정이든 배운 내용을 반복 학습하는 것이 영어 공부법의 핵심입니다. 학원을 보내시든, 집에서 엄마가 직접 가르치시든, 아이에게 복습하는 습관을 길러 주시는 것이 가장 중요합니다. ●●●

여기서 잠깐! 평범엄마의 한마디

원어민 영어 학원은 꼭 보내야 할까요?

주변의 후배 엄마들로부터 꼭 원어민이 있는 영어 학원을 보내야 하는지에 대한 질문을 받은 적이 많았습니다. 제 대답은 늘 똑같아요. 아이의 준비도와 학습 의욕, 그리고 학습 능력에 따라 다르다는 것이죠. 아이가 영어 학습에 대한 어느 정도의 준비가 되어 있고, 원어민 학원을 다니고 싶어 하며, 학습 의욕이 높은 상황이라면, 초등학교까지는 원어민 영어 학원에 보내는 것을 적극 추천 드려요. 단어나 문법 파트는 한국인 영어 선생님이 더 잘 가르칠 수 있지만, 말하기, 듣기, 에세이 쓰기는 원어민 선생님께 배우는 것이 큰 도움이 됩니다. 오디오 음원이나 동영상에서 나오는 원어민의 말소리만 듣는 것보다, 실제 상황에서 원어민의 살아 있는 말소리를 듣고 적절히 반응하거나 응답하는 것이 더욱 효과적인 학습이 됩니다. 원어민 선생님을 통해 자연스럽게 영어를 접하고, 상호작용 기회를 제공 받는 것이 영어 학습에 훨씬 유리하다는 것은 누구도 부인할 수 없는 사실입니다.

05

수학 선행 학습의 허와 실

••• 우리 아이는 5학년 2학기에 목동으로 이사 오면서 본격적으로 수학 선행 학습을 하게 되었어요. 수학 선행을 원해서 하게 된 것은 아닙니다. 아이가 다니는 목동 H수학 학원에서 6개월에서 1년 정도의 수학 선행을 아주 당연하다는 듯이 진행하는 바람에 저절로 그 분위기에 편승하게 된 것입니다. 레벨이 더 높은 반에서는 2년까지도 선행을 진행했는데 우리 아이는 중상위 레벨이어서 1년 정도 선행을 했습니다.

그러다가 6학년 여름 방학 때, 친한 엄마가 자기 아이와 같이 P수학 학원에서 레벨 테스트를 해 보자는 제안을 했어요. P수학 학원은 중등부와 고등부 중심의 수학 학원으로 이름이 나 있었던 터라, 중학교 준비를 위해 필요하겠다는 생각이 들어서 그 엄마의 제안을 받아들였지요. 물론 먼저 우리 아이 의견을 물어보았어요. 지금 다니는 수학 학원에 이렇다 할 불만은 없었지만, 친한 친구랑 레벨 테스트를 받고 학원을 같이 다닐 수 있다는 점이 좋았는지 흔쾌히 승낙을 하더군요. 두 아이를 그 학원 레벨 테스트에 보낸 결과 우리 아이만 레벨 테스트에 합격해서 P수학 학원을 다니게 되었습니다. 함께 가자고 먼저 제안하신 엄마께 너무 미안했어요.

이렇게 해서 우리 아이는 집과 더 가깝고, 중학교 내신을 잘 가르쳐 준다고 소문이 난 수학 학원으로 옮기게 되었습니다. 같은 클래스에 3명의 남자아이들이 더 있었는데, 그 아이들과 친하게 지내면서 중학교 3학년이 끝날 때까지 계속 그 학원을 다녔습니다. 이 학원도 처음에는 수학 선행을 1년 정도 시키더니, 중1이 되자 방학마다 특강 수업까지 더 넣어서 선행 학습 속도를 점점 높여 나가더군요. 결국 우리 아이가 중3이 되었을 때, 수학 진도를 2년이나 선행하게 되었어요. 아이가 중3이었을 때 그 당시 고2가 배우는 미분과 적분 수업을 받았습니다. 물론 학원에서 선행 학습만 진행했던 건 아니었어요. 중학교 내신 기간 즉, 중간고사나 기말고사가 있을 때에는 그 학교 내신 스타일에 맞추어 집중적으로 지도해 주었고 내신이 끝나면 다시 선행 진도를 나갔습니다.

언뜻 보면 '아이가 얼마나 수학을 잘하면 중3이 고2가 배우는 미적분을 다 배울까?' 하는 생각이 드실 것입니다. 저도 아이에게 선행 학습을 시키는 것이 부담스러웠지만, 한편으로는 그런 생각에 마음이 뿌듯하기도 했어요. 이렇게 앞서서 배우면 우리 아이가 고등학교에 가서 수학을 정말 잘 해낼 수 있을 것이라는 헛된 희망으로 목동 지역에 널리 퍼진 선행 학습 대열에 참여하고 있었던 것입니다.

그런데 우리 아이의 수학 선행 학습에도 서서히 한계가 왔습니다. 중3 때 미적분을 배우면서 수학 학원 선생님의 설명을 알아들을 수도, 이해할 수도 없는 순간이 오고야 말았지요. 미적분 이전 단계까지는 그럭저럭 이해하면서 선행 학습을 해 왔지만 미적분부터는 너무나 힘들어 했습니다. 게다가 우리 아이는 중2 후반부터 사춘기가 시작되어 중3 때 절정에 달했는데, 그때 수학 학원의 부담스러운 수업과 과중한 숙제로 더 괴로워 하였어요. 그러다 중3 때부터 가끔씩 수학 학원을 말없이 빠지는 일이 생겼습니다. 엄마 몰래 학원을 빠지고 다른 곳으로 간다는 것은 성실하고 열심히 공부했던 우리 아이에겐 있을 수도, 생각할 수도 없는 일이었습니다. 그런데 선행 학습에 대한 스트레스와 사춘기 등으로 고민이 많아지자 아이에겐 학원 빠지는 게 대수롭지 않은 일이 되어 가기 시작했어요. 그러자 아이가 수학 학원 갈 시간이 될 때마다 저는 조마조마한 마음으로 지내야 했습니다. 아이가 숙제를 덜 해서 수학 학원 안 가고 싶다고 억지를 부려 저와 갈등을 겪은 일도 많았고, 학원 간다고 나갔는데 아이가 학원에 오지 않았다는 전화를 받은 적도 많았어요. 지금 생각해 보아도 한숨밖에 안 나오는, 참으로 힘든 순간들이었습니다.

그러면 이렇게 힘들게 수학 선행을 해서 과연 고등학교에서 그만큼의 효과를 보았을까요? 우리 아이 경우는 안타깝게도 초반에 살짝 빛을 발하다가 곧 효과가 없어져 버렸습니다. 고2가 되어 미적분을 배울 때에는 2년 전부터 선행 학습 했던 것을 모두 까먹고 처음부터 다시 배워야 했지요. 결론적으로 우리 아이에겐 무리한 수학 선행이 큰 도움이 되지 못했고, 오히려 사춘기와 겹쳐 부모와의 갈등만 더 깊어지게 만든 스트레스의 근원이었습니다. 참으로 허무하더군요. 우리 아이에게 맞지도 않는 수학 선행을 그 오랜 시간 동안 시키며, 아이는 아이대로 고생하고 부모는 부모대로 스트레스를 받았는데, 고생한 보람도 없이 그 효과는 미미했던 것입니다.

어머니들, 우리 아이가 수학 선행 학습에서 실제로 겪었던 경험을 솔직히 말씀드리면서, 지나친 선행은 얻는 것보다 잃는 것이 더 많았다는 깨달음도 함께 전해 드리고 싶네요. 지금도 사교육 시장에서 초등학교 5, 6학년부터 혹은 중1부터 하는 수학 선행 학습의 경향은 사라지지 않았고, 오히려 이전보다 더 심화되고 있다고 들었습니다. 후배 어머니들도 이러한 전체적인 흐름에서 자유로울 수 없으실 것입니다. 저 역시, 시류에 맞춰 당연히 수학은 선행 학습을 최대한 시켜야 하는 줄 알았습니다. 제가 그렇게 생각했던 이유는 수학 선행 학습의 효과에 대한 과도한 믿음 때문인 것 같아요. 수학 선행을 하고 고등학교를 가면 남들보다 훨씬 유리한 조건에서 공부하니까 당연히 좋은 수학 점수를 받을 것이라는 기대감이 가장 크게 작용했어요. 그리고 선행 학습을 시킨 또 다른 이유는, 다른 아이들과의 비교에서 비롯되는 엄마의 조바심과 경쟁심이었습니다. 다른 아이들은 다들 몇 년씩 수학 선행을 하니까 우리 아이도 선행을 시킬 수밖에 없다는 그런 논리에서 선행 학습을 강행했던 것입니다.

물론 선행 학습이 효과적이었다고 생각하는 분들도 있을 것이고, 선행 학습으로 아이가 큰 도움을 받았다고 말씀하시는 분도 분명히 있을 것입니다. 과학고나 영재고를 지원하는 우수한 아이들은 3년 선행을 기본적으로 하는 것도 보았습니다. 그 아이들에겐 3년 선행이 실제로 가능하니까 그들은 그런 강행군을 해냈고, 보란 듯이 과학고와 영재고에 합격하더군요. 하지만 우리 아이는 그런 영재급 아이들과 비교하면, 그냥 영리한 정도였을 뿐입니다. 수학을 꽤 잘해서 중학교 때는 중간고사나 기말고사에서 100점을 받은 적도 있었고 늘 90점 이상의 우수한 성적을 받았어요. 목동 지역 유명 수학 학원에서도 최상위까지는 아니지만 늘 상위권 레벨에 있었던 아이였지요. 하지만 이런 우리 아이에게도 수학 선행은 버거웠어요.

학원이 권하는 대로 우리 아이에게 수학 선행 학습을 과하게 시킨 것이 제가 가장 후회하는 일입니다. 수학 선행정도가 고등학교 수학 성적은 물론이고, 대학 입시와 직결되어 있다고 생각했었던 저의 어리석은 믿음이 잘못되었음을 증명해 주는 사례가 하나 더 있어요. 6학년 여름, 우리 아이와 함께 수학 학원 레벨 테스트에 갔다가 결국 다른 학원을 가게 된 친구가 있었죠. 그 친구는 우리 아이보다 수학 선행 진도가 느렸지만, 지금은 우리 아이보다 훨씬 좋은 대학을 다니고 있어요. 그 아이는 수학 선행이 우리 아이보다 덜 되어 있었지만 고등학교 내내 성실히 공부해서 더 좋은 대입 결과를 얻을 수 있었습니다. 정말 중요한 것은 고등학교 가기 전에 선행이 어느 정도 되어 있느냐가 아니라, 고등학교에 가서 아이가 얼마나 열심히 공부하느냐입니다.

여기서 잠깐! 평범엄마의 한마디

수학 선행 학습

수학 선행에 대해 고민하시는 후배 어머니들, 수학 선행 학습으로 효과를 많이 본 아이들도 분명히 있지만, 우리 아이처럼 별로 효과를 보지 못하고 소중한 시간과 노력을 허망하게 보내는 경우도 많답니다. 남들이 다 하는데 우리 아이만 전혀 안 할 수도 없는 수학 선행. 고등학교 보내기 전에 자녀의 수학 선행이 덜 되어 있다고 마음 졸이며 조바심 느끼시지 않아도 됩니다. 중요한 건 아이의 학습 의지와 태도입니다. 그래도 선행 학습의 유혹을 떨쳐 버리기 힘드시면 6개월 정도의 선행은 괜찮다고 생각해요. 과학고나 영재고 진학 준비 등의 특수한 경우가 아니라면 6개월이나 1년 정도의 선행이면 충분하고, 그 이상의 선행은 효과가 떨어진다는 것을 제 경험으로부터 자신 있게 말씀드릴 수 있습니다.

06

목동에서의 국어 교육

••• 우리 아이는 초등학교 3학년부터 중학교 2학년까지 꾸준히 독서 토론 수업을 받았습니다. '주니어 플라톤' 수업을 시키면서 아이의 수준에 맞는 책을 꾸준히 읽힐 수 있어서 좋았고, 독서뿐 아니라 국어 공부에도 많은 도움이 되었던 것 같아요. 그런데 안타깝게도 중학교 2학년이 되자, 독서 토론 수업이 흐지부지 되다가 결국 그만두게 되었습니다.

그러다가 중학교 3학년 여름 방학 때, 정보가 많기로 유명한 베테랑 엄마로부터 자기 아이와 우리 아이가 함께 국어 학원을 가면 어떻겠냐는 제안을 받았습니다. 이 엄마는 아이가 초등학교 6학년 때 같은 반이어서 알게 되었어요. 이분은 우리 아이와 동갑인 둘째 아이 위로 네 살 터울의 딸이 있어서, 고등학교 정보나 대입 정보까지 모두 꿰고 있는 베테랑 엄마였어요. 이 엄마가 추천한 학원이라면 믿음이

갔기에 우리 아이를 국어 학원에 보내게 되었습니다. 고등학교를 염두에 두고 본격적으로 국어 학원을 보낸 것이 이때부터였어요. 이 학원은 다른 학원의 강의실 하나를 빌려 선생님 한 분이 소규모로 가르치는 곳이라서 보통 엄마들은 이 학원에 대해서 알 길이 없었습니다. 그런데 이 엄마는 위로 아이가 하나 더 있고 교육에 열성적인 분이라 이런 숨어 있는 학원까지 다 알고 계셨던 거예요. 이 선생님은 대형 학원에서 강의를 하다 독립을 하셔서 개인으로 수업을 하셨고, 고등학교 수업에 최적화되어 있는 선생님이라는 평을 듣고 계시더군요. 선생님은 바로 '고1 모의고사 최근 3년간 기출문제집'으로 수업을 시작하셨습니다. 어려운 수학 선행 학습에 지쳐 있던 우리 아이를 편안하게 대해 주시면서도 전문적인 국어 수업을 해 주셨어요. 아이가 사춘기 절정에 달했을 때에도 국어 학원은 안 빠지고 다닐 정도로 선생님과 사이가 좋았습니다. 선생님께서 아이의 마음을 잘 이해해 주시고 지지해 주셨기 때문이라는 생각이 들었고, 늘 감사했습니다.

보통 국어 학원은 중3 겨울 방학이나, 좀 서두르는 경우 중3 내신이 끝나는 11월부터 보내는 것이 일반적이었어요. 그런데 이 베테랑 엄마는 위에 고등학생 딸이 있어서 국어의 중요성을 너무나 잘 알고 계셨어요. 고등학교 국어가 얼마나 어려운지를, 그리고 수능에서 국어 등급을 잘 받기가 얼마나 힘든지를 이미 간파하셨던 거예요. 경험이 없어서 아직 잘 모르는 엄마들은 고등학교 입학 준비로 영어와 수학 선행에만 집중하는데, 이 엄마는 국어와 과학 선행에도 신경 쓰고 계셨습니다. 이 엄마 덕택에 우리 아이도 국어를 일찍 공부시킨 게 다행이다 싶어요. 국어를 중3 여름 방학부터 한 템포 빨리 선행을 했더니, 아이가 고1 첫 모의고사에서 국어 점수를 잘 받을 수 있었고, 고등학교 내내 국어에 대해 유달리 강한 면을 보여 주더군요. 이것이 국어 선행의 효과인지 꾸준한 독서와 '주니어 플라톤' 수업을 오래 받은 데서 온 내공인지 구분하긴 힘들지만, 그래도 6개월 정도의 국어 선행은 두고 두고 도움이 되었던 것 같아요. •••

여기서 잠깐! 평범엄마의 한마디

중학생 국어 교육

특히 지금 자녀가 중3이라면, 여름 방학부터 국어 학원을 보내시기를 추천 드립니다. 혹시 시간이 살짝 지났다면, 중3 내신이 끝나는 10월 말이나 11월 초부터도 괜찮을 듯합니다. 한 템포 빨리 국어를 시작하면 아이가 부담을 좀 덜 가지면서 고1 첫 모의고사를 무난하게 치를 수 있을 것입니다. 혹시 국어 학원 보낼 만한 곳이 마땅치 않으시면, 국어 인강을 들으며 모의고사 기출문제를 풀어 보게 하는 것도 하나의 방법이에요. EBSi 무료 인강을 이용하시거나 각종 유료 인강 사이트에 들어가셔서 알맞은 국어 강사를 정하세요. 자녀가 그 강사들의 샘플 강의를 들어 보고 마음에 드는 강의를 선택하도록 하시면 됩니다.

제3부

사춘기를 혹독하게 치르다

평범엄마의
자녀 교육

01

사춘기가 시작되다

••• 사춘기, 저에게 이 단어는 아픔이었고 후회였으며 상처였습니다. 도대체 아이 사춘기에 무슨 일이 있었기에 그렇게 힘들었냐구요? 아이의 뜻밖의 행동들과 연속되는 크고 작은 사건들, 이에 대한 저의 실망과 분노, 자식에 대한 집착이 저를 너무 힘들게 했다는 말로 일단 시작할게요. 사춘기가 지나고 아이가 이제 어엿한 대학생이 되어 제 마음이 여유로워졌는데도, 그때를 떠올리려 하니 한숨과 갑갑함이 몰려오네요. 아이의 돌출 행동들에 소스라치게 놀라고, 가슴 치며 걱정하고, 아이가 다음엔 또 무슨 일로 저를 힘들게 할까 두려워하면서 미칠 것 같은 불안과 절망감으로 보낸 시간들. 회상하기도 싫고 뒤돌아보는 것만으로도 힘겨운 저의 부끄러운 흑역사입니다.

우리 아이는 중학교 2학년 여름까지 너무나 착하고 성실한 학생이었어요. 공부 욕심이 많아서 학교 공부도 잘하는, 남 부러울 것

없이 제 마음에 흡족한 아들이었습니다. 또 외동이다 보니 아이에 대한 저의 애정과 교육열은 누구에게도 뒤지지 않았고, 아이 교육에 올인하기 위해 근무하던 학교를 그만둘 정도로 정성을 다했습니다. 아들이 중학교 1학년 때, 목동 한복판에 있는 중학교에서 전교권의 성적을 계속 유지해서 주변 엄마들로부터 관심과 부러움의 대상이 된 적이 있었어요. 엄마들 모임에 가면 "아이가 어쩌면 그렇게 공부를 잘해요?", "우리 아이가 자기 아이 반만이라도 따라갔으면 좋겠어.", "어쩌면 그렇게 자식 교육을 잘 시켰어요?", "자기는 아이가 너무 잘하니까 밥 안 먹어도 배부르겠다." 등등 듣기 민망할 정도의 찬사들이 쏟아졌었죠. 대놓고 좋아하기가 민망해서 제 나름대로 엄마들 앞에서 표정관리하느라 바빴을 정도였어요. 중간고사나 기말고사 기간이 되면 시키지 않아도 밤늦도록 공부했고, 시험 성적이 조금이라도 아쉽게 나오면 속상해서 어쩔 줄 몰라 했던 아이였지요. 아이가 너무나도 열심히 공부하니까 정말 기특하기도 하고 한편으로는 애처롭기도 했었습니다.

그러나 집, 학교, 학원밖에 모르던 모범생 우리 아들에게도 반항의 시기가 오고야 말았습니다. 가장 먼저 보인 행동은 외모에 대한 관심과 멋 부리기였어요. 예전에는 제가 무슨 옷을 사다 주든지 그냥 아무 소리 없이 입었던 아이가 그 옷은 촌스럽다, 더 폼나는 옷을 사 달라는 요구를 해 옵니다. 다른 아이들은 다 멋있게 입고 다니는데 자기만 옷을 너무 못 입는다는 불만을 자주 토로하더군요. 저는 제가 아이 패션에 너무 신경을 안 써 줬구나 생각하고, 요구대로 그 또래 아이들이 잘 입는 스타일의 옷들을 사다 줬어요. 그리고 이 정도의 요구는 별로 대수롭지 않게 생각했었고 충분히 수용 가능했습니다.

그 다음은 휴대폰에 대한 요구였어요. 우리 아이는 휴대폰이 공부에 방해가 된다며, 스스로의 선택에 따라 중2 여름까지는 휴대폰 없이 지냈습니다. 그런데 중2 여름 방학이 되자, 다른 아이들은 다 스마트폰을 가지고 논다며 자기는 그냥 2G폰이라도 좋으니 휴대폰을 사 달라고 했어요. 아이 아빠와 저는 스마트폰 중독 현상의 심각성을 잘 알았기 때문에 최대한 스마트폰을 늦게 사 주려고 했습니다. 엄마 아빠가 스마트폰에 대해 강경한 입장인 것을 아이도 알고 있었기 때문에, 마음으로는 스마트폰을 갖고 싶었지만 우선 그냥 2G폰이라도 사 달라고 말했던 것입니다. 저도 아이 또래 친구들이 초등학교 6학년부터 거의 스마트폰을 가지고 있었고, 좀 늦은 아이들도 중1이 되기 무섭게 스마트폰을 갖는 걸 보았습니다. 그래서 우리 아이가 용케도 오래 버텼다고 생각해서 중2 여름 방학 때 휴대폰을 사 줬습니다.

하지만 중독의 우려가 있고 교육적으로도 좋지 않은 스마트폰은 최대한 늦게 사 줄 계획이었습니다. 아이에게 스마트폰을 사 주지 않는 게 미안해서 저도 스마트폰을 사지 않고 계속 2G폰만 사용했어요. 그러다가 아이가 어느 날부터인가 개통되지 않은 스마트폰 공기기를 구해다가 몰래 쓰는 것을 알게 되었습니다. 엄마, 아빠는 스마트폰을 강경하게 반대하며 사 주지 않고, 그럼에도 자신은 스마트폰을 가지고 싶고 필요로 하니까, 결국 어떻게든 구해서 쓰더군요. 친구들과 어울리고 싶은데 스마트폰이 없으니 너무 불편했고, 2G폰만으로는 아이들이 주로 사용하는 카톡을 할 수 없으니 중고 스마트폰 공기기를 몰래 샀던 것입니다. 와이파이가 터지는 곳에서는 공기기를 가지고서 검색이나, 음악 듣기, 카톡 하기 등 대부분의 기능을 쓸 수 있었던 거예요. 시간이 한참 지난 지금은 그 당시 아이의 행동들이 이해가 되지만, 그때 서툰 엄마였던 저에게 스마트폰 공기기 사건은 정말이지 너무 받아들이기 힘든 일이었습니다. 아이가 부모를 속이고 스마트폰을 몰래 사서 들고 다닌, 정말 이해도 용서도 잘 안 되는 일이었지요. 위에 자식이 하나 더 있어서 아이의 이런 변화를 경험해 본 적이 있었더라면 아이를 좀 더 이해해 주고 그토록 불화를 겪지 않았을 텐데…. 불행하게도 그 당시의 저는 모든 것을 처음 겪는 엄마였기에 아이를 이해해 주지 못했고, 제 기준에서만 생각해서 실망하고 분노했습니다. 스마트폰을 둘러싸고 수많은 해프닝이 생기면서 우리 가족은 자주 언성을 높였고 가정불화를 겪게 되었어요.

아이 사춘기에 생긴 여러 가지 행동 변화들 중 제가 가장 받아들이기 힘들었던 것은 몰래 학원을 빠지는 것이었어요. 수학 숙제를 덜 해서 오늘은 도저히 학원을 못 가겠다고 빠지고, 어느 날은 학원을 간다고 집에서 나갔는데 학원에서는 아이가 안 왔다고 전화가 오는 일들이 생기기 시작한 것입니다. 원래부터 학원을 가끔씩 빠지는 아이였다면 그러려니 했겠지만, 학원을 꼬박꼬박 성실하게 다니던 아이였기에 이러한 무책임하고 불성실한 태도는 도통 용납이 되지 않았어요. 부모가 자식 교육을 위해 힘들게 번 돈으로 학원을 보내 주는데 자식이 말도 없이 그냥 학원을 빠져 버리는 일이 반복되자 저의 분노와 절망은 극에 달했고, 아이와 갈등하는 날들이 많아졌습니다.

우리 아이의 사춘기는 한 마디로 반항의 연속이었습니다. 그중에서도 중2 겨울 방학부터 부모 몰래 PC방을 다니게 된 일이 가장 저를 힘들게 했습니다. 스마트폰 공기기를 몰래 사서 들고 다닌 사건과 학원을 빠지는 일들로 아이와 갈등의 골이 깊어 가던 중이었어요. 거기에 아이가 롤게임을 하러 PC방을 다닌다는 사실까지 알게 되자, 자식에 대한 실망감과 배신감, 분노와 절망감은 말로 다 표현할 수 없을 지경이었습니다. 지금은 아이가 PC방 가는 게 대수롭지 않지만, 중2 겨울 방학 때는 모범생이었던 우리 아이가 설마 PC방까지 갈 줄은 꿈에도 몰랐어요. 저는 PC방에 드나들며 게임에 중독되어 가는 아이를 어떻게든 막아 보려고 했습니다. 동네 PC방을 뒤지면서 아이를 찾아서 데리고 나오기도 하고, 아빠에게 일러 야단을 맞게 하기도 하고, 눈물로 호소하기도 했지만, 친구들과 어울릴 수 있는 PC방을 끊게 할 수는 없었습니다. 이 세상 모든 아이가 다 변해도 우리 아들만은 모범생으로 계속 잘할 것이라 생각했었던 저의 어리석은 기대가 너무나 처참하게 무너지더군요.

어머니들, 혹시 지금 이 순간 그때의 저처럼 아이들의 돌변한 행동과 태도에 충격과 실망감을 느끼고 계시는 분 있으신가요? 그렇다면 제 경험담이 조금이라도 도움이 되었으면 좋겠어요. 아이가 내 자식 같지 않고 낯설게 느껴지던 그 시절. 아이의 행동들이 이해도 되지 않고 용납도 되지 않아서 속상하다 못해 화병까지 났던 그때, 저는 어리석게도 아이에게 더욱 강하게 나가야 하는 줄 알았습니다. 아이를 이해하려고 노력하기보다는 아이를 이겨 먹으려고 안간힘을 썼던 것 같아요. 그런데 시간이 모든 것을 말해 주더군요. 다 부질없었음을. 제가 아이를 몰아붙일수록 아이는 더욱 엇나가기만 했어요. 차라리 손 놓고 아이가 돌아오길 기다리는 게 나았을 텐데, 저는 아이를 기다려 주질 못했어요. 저는 아이에 대한 집착을 버리지 못하고 안달을 부렸고 그로 인해 아이와 사이만 더 멀어졌습니다. 제가 아무리 애를 써도 자식은 제 뜻대로 되지 않았고, 결국 제 풀에 제가 지쳐서 한탄하며 세월을 보냈었지요. "내가 너를 어떻게 키웠는데…." 하며 하릴없이 넋두리나 늘어놓으면서 아이와 갈등의 시간을 보냈고, 아이와의 불화가 남편과의 갈등으로 번지면서 가정 분위기가 험악해졌어요.

아이가 성실하고 공부 잘할 때는 별 반응이 없던 남편이었습니다. 그런데 아이가 공부를 등한시하고 PC방을 다니며 속을 썩이기 시작하자, 아이가 저렇게 된 건 모두 제 책임이라고 저를 책망하더군요. 저는 나름 하느라고 한 건데, 저의 집착이, 조바심이, 그리고 서투름이 아이를 저렇게 만들었다고 생각하니 정말 살고 싶지 않더라구요. 저는 심한 병에 걸려도 치료하지 않고 이대로 세상을 등지고 싶을 정도로 우울증이 심했습니다.

그러면 남들보다 조금 늦게 시작된 우리 아이의 사춘기가 언제쯤 끝났냐구요? 제가 느끼기엔 고2 겨울 방학부터 아이가 조금씩 마음을 잡았던 것 같아요. 중2 여름부터 시작된 사춘기는 다른 아이들과는 달리, 너무 오래 갔습니다. 엄마와 아빠를 대하는 태도가 엄청 부정적이고 냉소적이었던 그 시절, 자신에 대한 부모의 집착에 반항으로 대항하던 우리 아이의 사춘기. 제가 좀 더 지혜로운 엄마였으면 이해해 주고 수용해 주고, 좀 더 유연하게 넘어갈 수도 있었을 거예요. 그런데 불행하게도 그 당시 저는 미숙해서 어른답지 않게 과민 반응을 보이고 신경질적으로 대했던 것 같아요. 변해 버린 아이만 탓하고 아이가 다시 돌아오도록 유인책을 펼치지 못했던 것이 정말로 많이 후회됩니다.

아이가 반항적인 모습을 보일 때 저는 어리석게도 더욱 아이를 닦달했어요. 그렇게 하는 것이 맞는 줄 알고 그랬던 거죠. 시간이 흐르고 이제 와서 보니 모두 소용없더군요. 강경하게 나갔던 것이 오히려 갈등만 더욱 커지게 했습니다. 아이에게 품어 왔던 엄마의 기대와 욕심을 잠시 내려놓고, 공감해 주려고 노력하고 좀 더 너그러운 태도로 아이를 대했어야 한다는 뒤늦은 후회와 반성만이 남아 있어요. 그리고 아이가 사춘기를 끝내고 원래의 아이로 돌아오는 것이 아니라, 부모들이 사춘기를 겪으며 달라진 아이를 수용하고 적응하게 되는 것이라는 큰 깨달음을 너무나 늦게 얻었습니다. 냉정하게 생각하면 지금의 우리 아이는 사춘기 때와 많이 달라지지 않았는데, 저는 그런 아이에게 적응을 해서인지 이제는 갈등을 빚지 않고 평화롭게 지내고 있어요. 사춘기에 행동이 돌변한 아이를 원래대로 돌려놓으려고 애쓰지 마시고, 부모들이 아이에게 빨리 적응하는 게 더 나은 대처 방안인 것 같아요. 이것이 제가 값비싼 대가를 치르고 얻게 된 결론이랍니다.

여기서 잠깐! 평범엄마의 한마디

중2병

제가 운영하는 네이버 블로그 '평범엄마의 우리아이 대학진학비법과 알짜 교육정보'의 '우리아이를 위한 교육뉴스 – 중등(고입)뉴스'에 중2병에 대한 이야기가 나와 있답니다. 한국교육개발원에서 중학생에 대해 분석한 보고서도 첨부되어 있으니 꼭 한 번 읽어 보시길 권해 드립니다.

02

사춘기의 본격적인 서막

••• 아들이 중학교 2학년이 된 여름에 "명량"이라는 영화가 개봉해서 큰 인기를 끌고 있었습니다. 그 영화는 언론에서 가장 주목했던 영화이기도 했지만 온 가족이 함께 볼 수 있는 영화라고 호평을 받았습니다. 무엇보다 아이들 교육에 유익하다는 소문까지 나서 남녀노소를 가리지 않고 전국민의 관심을 받으며 대한민국을 강타하고 있었어요. 남편이 어느 날 "이번 주말엔 오랜만에 가족끼리 명량이라는 영화나 함께 보러 갈까? 어때?"라고 물었습니다. 저는 이 영화가 사극에서 볼 수 있는 다소 뻔한 스토리일 것 같기도 하고, 제 개인적 취향과는 거리가 아주 멀어서 다소 심드렁했어요. 그렇지만 지속되는 사람들의 호평도 있었고, 무엇보다 아이 교육 차원에서 좋을 듯하여 아이가 학교에 다녀왔을 때 가족 영화 관람을 제안했어요.

그런데 "가기 싫어요…"라는 의외의 답변이 돌아왔습니다.

귀를 의심하게 만드는 아이의 무심한 짧은 대답이었지요. "왜? 주말에 무슨 일이 있니?", "아뇨. 없어요. 그냥 가기 싫어요." 그냥 가기 싫다니, 처음 듣는 아이의 대답이었어요. 남편에게 아들의 답변을 이야기하니, "뭐? 정말? 내가 이야기 한 번 해 볼게."라고 하더군요. 그러면서 약간 저의 소통 능력을 의심하는 표정을 짓고는 아들 방에 노크를 했습니다. 몇 분 지나서 못내 아쉬운 표정을 하고 아들의 방에서 나오는 그때, 남편의 그 표정과 분위기를 잊을 수가 없습니다. 그날 그 일은 아이가 처음으로 가족 외출을 거절한 사건이었답니다.

아이가 특별한 이유도 없이 가족 외출을 거절한 첫 번째 사건 이후에도, 남편과 저는 아이의 사춘기가 시작되었다는 것을 전혀 인지하지 못하고 있었습니다. 며칠이 지나서 아이가 "명량"의 이야기를 제게 하더군요. 엄마, 아빠랑 같이 보지 않았던 그 영화를 친구들과 보고 왔고 영화가 전반적으로 참 좋았다라는 이야기를 무심하게 했을 때, 저는 정말 묘한 감정을 느꼈습니다. 그때 직감을 했어요. '이제 우리 아이의 사춘기가 시작되었구나.'라고 말입니다. 제가 이 이야기를 전하자 남편은 충분히 그럴 수 있다고 공감해 주었지만, 한편 뭔가 씁쓸하고 서운해 했던 것 같아요. 그 이후 아이는 가족 단위의 소소한 외출을 다양한 이유와 명분(?)을 들어서 거절했어요. 주말에도 엄마 아빠와 시간을 보내는 것보다는 친구들과 어울리는 것을 더욱 좋아해서, 집에서 아들의 얼굴을 보기가 쉽지 않아졌습니다.

늘 성실하고 학업에 열을 올리며 공부하던 아들에게서 첫 번째 충격을 받았던 날을 생생하게 기억합니다. 중2 여름 어느 날, 아이가 다니는 수학 학원에서 문자가 왔습니다. "오늘 OO학생이 학원을 결석해서 보강이 필요합니다."라는 내용이었어요. 뭔가 피치 못할 사정이 있었겠지 하고 스스로를 위로했지만 속은 부글부글 끓고 있었고, 그 마음을 억누르며 저녁 늦은 시간까지 아이를 기다리고 또 기다렸습니다. 저녁 10시쯤에 온 아이는 "다녀왔습니다."라는 인사를 무뚝뚝하게 하고 자기 방으로 쏙 들어갔습니다. "아들, 오늘 학원에서 문자 왔던데 학원을 왜 안 갔니?" 제 목소리를 몇 번이나 가다듬어서 물었어요. 이내 들려온 아들의 대답은 "그냥 가기 싫어서요."였어요. 참나, 그냥 가기 싫다? 아들 방에 쳐들어가다시피 해서 도대체 왜 가기 싫은지를 묻고 또 물었습니다. 저는 아들이 어떤 마음일지에 대해서는 별로 관심을 두지 않았어요. 아이가 왜 그렇게 대답하는지가 중요한 것이 아니라, 학원을 가지 않았다는 그 엄청난 사실에만 충격을 받아서 계속해서 다그치며 물었던 것입니다. 그러나 아들은 아무런 대답이 없었고, 그 이후에도 몇 번이나 동일한 사건이 반복되었습니다.

이제 와서 생각해 보니 별일도 아니었는데, 그때는 아이의 그러한 행동들이 왜 그리도 놀랍고 서운하고 분하게 느껴졌을까요? 제가 서툰 엄마여서 그랬다는 변명밖엔 생각나는 말이 없네요. 우리를 울고 웃게 만들었던 TV 드라마 "응답하라 1988"에서 배우 성동일씨가 연기한 덕선 아빠의 대사가 생각나네요. "아빠도 아빠가 처음이잖아." 저 역시 엄마 역할이 처음이어서 사춘기 때 아이를 잘 다독이지 못하고 잘 품어 주지 못했습니다. 저에겐 엄마로서의 모든 일이 처음이었고 매일 매일이 힘겨웠던 것 같아요. 달라진 아이의 태도에 상처입고, 다시 독한 말로 아이에게 상처 주는 못난 엄마였음을 고백합니다. 이렇게 못나게 행동하는 엄마였던 제가 후배 어머니들께 무슨 도움이 될 수 있을까 생각해 봅니다. 저의 부끄러운 실수담들을 타산지석으로 삼으시고 '저 엄마도 저렇게 힘들었구나.' 하고 마음의 위안도 받으시길 바랍니다.

여기서 잠깐! 평범엄마의 한마디

우리 아이 사춘기

사실 우리 엄마들이 각종 아이 문제에서 "조금 물러서서 시간을 갖는 것"은 정말 어려운 일입니다. 그러나 흔들리는 감정을 가지고 당장 즉각적인 반응을 보여서 좋았던 경우는, 제 경험상 정말 단 한번도 없었던 것 같아요. 그리고 아이가 몰래 학원을 빠지는 일도 이제는 면역이 되어서 그런지, 제가 아이에게 적응이 되어서 그런지 몰라도 그토록 놀라거나 분개하지 않아도 되는 일임을 알게 되었어요. 제 경험상 부모가 아이 사춘기가 끝났다고 느끼는 건, 사실은 아이가 원래의 모범적인 모습으로 돌아간 것이 아니라, 아이와 부대끼면서 부모가 아이에게 적응하고 갈등을 줄인 결과라는 것을 깨달았습니다. 자식을 이기는 부모는 없으니 힘 빼지 마시고 자식의 변한 모습을 수용합시다.

03

스마트폰 #1.
서먹해진 부자 사이

••• 사춘기 이전에 아이는 아빠와 유난히 사이가 좋았습니다. 남편은 외동인 아들이 유난히 자신을 잘 따르는 것을 흐뭇해 했어요. 그러면서 아이의 교육 전반에도 관심을 많이 보였고, 함께 땀 흘리며 운동하거나 놀아 주었어요. 때로는 좁은 PC 앞에 부자가 나란히 앉아 키보드와 마우스로 각각 역할을 분담해서 집이 떠나가라 소리 지르며 신나게 놀곤 했습니다. 그러나 '명량 사건' 이후, 함께 PC 게임을 하는 모습은 더이상 볼 수 없었어요.

남편은 어느 날 아이폰 구형 모델의 중고 공기기를 가져왔습니다. 아이는 아이폰 공기기를 보자마자 너무나 좋아하며 아빠에게 무심했던 태도를 바꾸어 갖은 질문 공세를 펼쳤어요. 그리고 자신이 이 아이폰을 사용해야 하는 이유 – 공부할 때 사전으로 활용할 수 있고, 휴식 시간에 가끔씩 게임도 하고 등등 – 를 아빠에게 열심히 설명하기 시작했습니다. 남편은 계속되는 아들의 공세에 며칠 버티지 못했습니다. 아이폰은 곧 아들의 수중에 들어갔고 아이는 너무나도 신나 하며 이것을 끼고 사는 듯했어요.

그러던 어느 날 남편이 아들 방에 잠시 들어갈 일이 있었는데, 잠시 뒤 남편의 목소리가 조금 크게 들려왔어요. 사건의 전말은 이랬습니다. 남편이 아들에게 아이폰을 준 것은 공부하다가 영어 단어를 찾거나, 또는 휴식 시간에 간단한 모바일 게임을 한다는 조건이었습니다. 그러나 아이는 그 약속을 뒤로 하고 아예 자신의 2G폰에 있던 유심카드를 아이폰에 넣고 이 폰을 자신의 휴대 전화기로 사용하고 있었던 것이었습니다. 남편의 분노는 대단했습니다. 일단 무엇보다 아이가 아빠와의 약속을 지키지 않은 것에, 그리고 아빠에게 이를 한 번도 이야기하지 않고 그렇게 아이폰을 사용하고 있었다는 것에 화를 냈습니다. 저는 이미 아이가 그렇게 아빠의 눈을 피해서 아이폰을 사용하고 있는 것을 눈치 채고 있었기 때문에 '드디어 올 것이 왔구나.'라는 심정이었어요. 남편은 매우 화가 나서 아들이 자신을 속인 것에 대한 벌로, 아이폰을 아파트 출입문 앞 콘크리트 바닥에 내동댕이쳤습니다. 순식간에 벌어진 일이었고, 너무 놀라기도 해서 아이의 표정은 일순간 굳어졌고, 남편도 그 일이 있고 난 후 한동안 말이 없었습니다.

남편은 아이가 자신을 속였다고 생각하여 그 당시에 너무나 화가 났었다고 하며, 자신이 감정을 잘 추스리지 못하고 저와 아이 앞에서 그러한 행동을 한 것에 대해서 후회를 하고 미안해 했어요. 사실 저는 남편의 그 배신감을 이해할 수 있었습니다. 얼마나 돈독한 부자 사이였는데…. 그런데 문제는 아이였습니다. 아들은 아빠와의 약속을 지키지 않은 건 분명히 잘못한 행동이지만, 그렇다고 아이폰을 부숴 버리기까지 한 것에 대해서는 납득이 되지 않는 표정이었어요. 저는 "가족 간의 신뢰를 중시하는 아빠가 그만큼 네 행동에 실망하셨고, 화가 많이 나셔서 그래." 하고 말해 주었지만 아들은 공감을 하지 않았습니다. 이렇게 스마트폰 사건이 일단락되고 아들은 다시 2G폰을 가지고 생활을 했습니다. 고기 맛을 본 사자가 풀을 먹을 수 없듯이 아이폰의 유려한 서비스 경험을 맛본 아들은 스마트폰에 대한 간절함을

다양하게 어필해 왔습니다. 그러나 남편은 완강했고 저 역시 잘못한 행동에 최소한의 대가가 있어야 한다는 입장을 지켰습니다.

그렇게 눈에 보이지 않는 갈등의 시간을 보내다, 또 다시 제 눈을 의심할 만한 일이 벌어졌어요. 아이가 용돈을 조금씩 모아 중고 스마트폰 기기를 사서 이용하기 시작한 것입니다. 이 사실을 남편에게 알리면 더 큰 갈등이 생길 것 같아서 아들과 저는 이 사실을 남편에게 비밀로 하기로 했어요. 아들에게는 아빠한테 비밀로 하는 대신, 시간과 장소와 상황에 잘 맞게끔 영리하게 사용하겠다는 다짐을 받았어요. 그러나 이 세상에 감출 수 있는 비밀은 없는 법이라고, 결국 이 사건으로 인해서 우리 가족에게는 더 큰 불화가 닥쳐오고 있었습니다.

어머니들, 혹시 자녀의 지나친 스마트폰 사용으로 가족 간에 갈등을 빚은 경험이 있으신가요? 주변 또래 엄마들도 이와 유사한 경험들을 많이 말씀해 주시더군요. 아이가 스마트폰에 너무 빠져 있어서 자주 이 문제로 다투게 되고, 참다 못한 아빠가 휴대폰을 물에 담궈 버리거나 망치로 부수었다는 이야기들을 주위에서 수없이 들었답니다. 그런데 설마 우리 집에도 이런 일이 생길지는 몰랐습니다. 세상 모든 아이들이 다 부모 속을 썩여도 우리 아이만은 괜찮을 줄 알았습니다. 그런데 우리 아이도 조금 늦게 왔을 뿐 똑같은 과정을 밟기 시작하더군요. 그제서야 엄마들이 다들 비슷한 것을 고민하고 그만그만한 일을 겪고 있구나 하는 생각을 하게 되었어요.

저는 스마트폰을 사 주지 않고 가장 오래 버틴 부모 중에 한 사람일 것입니다. 공부에 방해가 되고, 집중을 할 수 없게 하고, 음란물이나 각종 동영상을 무제한으로 보게 하는 요물인 스마트폰을 조금이라도 더 아이에게서 떼어 놓고 싶었습니다. 그래서 아이의 반감을 사면서까지 끝까지 허락하지 않았던 거예요. 저는 버틸 만큼 버티다가 결국, 아이가 고2가 되었을 때 제 손으로 직접 스마트폰을 사 주게 됩니다. 아무리 막아도 더이상 아이의 욕구를 억제시킬 수 없었거든요. 허락해 주지 않으니 비밀스럽게 스마트폰에 더욱 집착하는 모습을 보였습니다. 스마트폰을 개통해 주지 않으니까 자기 용돈으로 공기기를 사서 하고 싶은 대로 다 하는 걸 보고, 저의 모든 노력이 허사임을 깨닫게 되었어요. 이럴 바에야 차라리 중2 때부터 그냥 스마트폰을 사 줄 걸 그랬다는 뒤늦은 후회를 합니다. ● ● ●

여기서 잠깐! 평범엄마의 한마디

자녀의 스마트폰 사용

저희 부부처럼 스마트폰을 무조건 안 된다고 금지시키는 것보다는 적절하게 사용하게 하는 것이 나을 것 같습니다. 자녀와 충분하게 이야기를 나누고, 아이들 스스로가 스마트폰을 알아서 잘 사용하겠다는 다짐과 약속을 하게 한 후 쓰게 하는 것이 더욱 현명한 선택이지 않을까 생각됩니다. 저처럼 고집 세게 끝까지 통제하려고만 하면 결국 아이는 폭발하더군요. 아이들은 부모가 못하게 하면 비밀스럽게 그 일에 더욱 집착하게 될 뿐입니다. 차라리 쿨하게 허용해 주고, 아이 스스로가 조절하여 잘 쓰게 하는 것이 바람직한 것 같습니다.

04

PC방 사건 #1. 설마 우리 아들이

●●● 우리 아이는 공부 잘하고 착실했던 시절에도 숙제가 끝나거나 공부를 마치고 나면 가끔씩 집에서 버블 파이터 같은 귀여운 컴퓨터 게임을 하곤 했어요. 중1 때, 시험이 끝나는 날이면 매번 친구들을 집에 데리고 와서 간식도 먹고 집에 있는 컴퓨터로 게임도 했습니다. 주변의 많은 중1 남자아이들이 PC방을 다니는 것을 보면서 저는 우리 아이와 친구들이 PC방을 다니지 않고 집에 와서 노는 게 너무 기특하고 고마웠습니다. 친하게 지내는 엄마들의 아이들 중 몇몇이 PC방을 출입하는 것을 보면서, 그리고 모임 때 그 엄마들이 자녀의 PC방 출입과 게임 문제로 한숨 짓는 소리를 들으면서, 저는 그 문제는 우리 아이와는 아무 상관도 없을 것이라고 생각했어요.

그런데 중2가 된 어느 겨울 날 아이가 수학 학원을 간다고 나갔는데, 학원에서는 아이가 안 왔다는 문자를 보내 왔어요. 학원을 성실하게 다니던 아이가 중2 여름부터 가끔씩 학원을 빠지기 시작했는데, 저는 그때까지도 아이가 학원을 몰래 빠지는 것을 도저히 용납하지 못했습니다. 학원 빠지는 날이면 저는 분노로 부글부글 끓어서 아이와 크게 다투었고, 그 다툼이 남편에게까지 번지곤 했어요. 그날도 말없이 학원을 빠진 아이가 정말 이해 안 되고 괘씸해서 혼자서 속을 끓이다가, 혹시나 하는 생각에 동네 PC방을 뒤지게 되었습니다. 수학 학원에 앉아 있어야 할 시간에 도대체 우리 아이는 어디에 가 있는 걸까요? 저는 왠지 모르지만, 아이가 PC방에 가 있을 것 같다는 불안한 예감이 들었습니다. 그리고 그런 불안한 예감은 꼭 맞더군요. PC방 두 군데 정도를 돌아다니다가, 저는 숨이 멎을 것 같은 충격적인 장면을 보게 됩니다. 아이가 어두침침한 PC방 한 구석에 떡 하니 앉아서 롤게임을 하고 있었던 거예요. 설마설마했는데, 우리 아이도 PC방을 다니고 있었던 것입니다. 저는 너무 놀라고 분해서 그 자리에서 아이를 끌고 나왔습니다. 집에 와서 학원은 왜 빠졌느냐, 언제부터 PC방을 다니게 된 거냐, 끝없는 질문과 꾸중을 했고, 아이는 반성의 기미도 없이 대들거나 반항적인 태도로 일관했어요. 도무지 대화가 통하지 않는 상황이었지요. 저는 아이에게 다른 건 몰라도 PC방만은 제발 가지 말라고 단단히 일러두었어요. PC방을 드나들며 게임에 중독된 사례들을 너무나 많이 접했기 때문에 저는 그것만은 어떤 일이 있어도 막고 싶었어요. 아이와 다투는 소리가 현관문 밖 복도까지 들렸는지 퇴근하는 남편이 들어오면서 무슨 일이길래 온 동네가 떠나갈 듯

다투는 소리가 나느냐고 물었습니다. 자초지종을 듣자, 남편은 아이를 야단도 치고 설득도 하면서 다시는 PC방에 가지 않겠다는 다짐을 받아 냈어요.

하지만 아들의 PC방 출입은 그리 쉽게 끝나지 않았습니다. 아이가 주일에 중등부 예배를 친구들과 함께 다니고 있었는데, 그 날 따라 저는 아이가 중등부 예배에 잘 참석하는지 궁금하더군요. 혹시 다른 곳에 간 것이 아닐까 하는 불안한 예감이 또 들었어요. 아이가 예배를 갈 때 평소보다 서둘러서 나가는 게 좀 이상해 보여서 뭔가 의심이 들었던 거예요. 저는 중등부 예배실을 조심조심 살펴보며 제발 우리 아이가 거기에 앉아 있기를 마음속으로 기도하고 있었어요. 그런데 아무리 찾아도 아이가 안 보였습니다. 저는 주일학교 선생님께 우리 아이가 최근에 중등부 예배에 잘 참석했는지 여쭤보았어요. 그런데 아이가 요즘 거의 예배를 오지 않고 있다는 충격적인 이야기를 듣게 됩니다. 그 순간, 아이가 PC방에 가 있을 거라는 직감이 들더군요. 수학 학원을 빼먹고 PC방을 간 것도 충격이었지만, 교회 예배를 빠지고 PC방을 간다는 것은 더욱 용서할 수 없는 일이었어요. 저는 정신이 반쯤 나가서 미친 듯이 동네의 PC방을 뒤지고 다녔습니다. 지난번에 저에게 들켰던 PC방엔 가지 않았더군요. 그래서 몇 군데 더 찾아갔어요. 제발 아이가 거기 없기를 바라면서도 혹시나 하는 생각에 찾아다닌 것인데, 결국 다른 PC방에서 아이를 찾게 되었어요. 아빠와 다시는 PC방에 가지 않겠다는 약속을 한 지 불과 이삼 일밖에 되지 않았는데, 아이가 다시 PC방에서 발견된 것입니다. 그것도 교회 예배 시간에…. 저는 분노 대신 절망감으로 그 자리에 털썩 주저앉아 버렸습니다. 게임에 열중하느라 제가 온 걸 눈치채지 못하다가 갑자기 제가 픽 쓰러지듯이 주저앉자, 아이가 놀라서 게임을 멈추고 나가더군요.

아이에게 화를 내고 잔소리를 할 힘도 없었습니다. PC방에서 집까지 어떻게 왔는지도 기억이 나지 않고, 하염없이 눈물만 흘렸어요. 믿는 도끼에 발등을 찍힌 사람처럼 분하고 가슴 아팠고, 배신감에 몸서리를 쳤어요. '자식이 어떻게 부모를 이토록 비참하게 만들 수 있는가? 내가 너한테 어떻게 했는데….' 교사까지 했던 엄마였지만, 자식과 이렇게 극한 대립을 하게 되자 부모로서의 품위나 위엄은 온데간데없어졌습니다. 미친 듯이 고함을 지르고 히스테리를 부리게 되더군요. 너무 화가 나니까 서슴지 않고 욕까지 하게 되었어요. 저도 자식 앞에서는 고상한 부모이고 싶었는데 치미는 분노가 저를 광인으로 만들었습니다.

우리 아이의 PC방 출입은 이런 극한의 대립 속에서도 계속됩니다. 야단치고 달래고 애원까지 해 보았지만 아이의 PC방 출입을 막을 수는 없었습니다. 고등학교 가기 전까지만 PC방을 다니겠다던 아이의 결심도 며칠 못 가서 무너지더군요. 아이는 고등학생이 되니 학교 생활에 너무 스트레스를 받아서 다시 PC방을 다닐 수밖에 없다고 변명하면서 게임을 끊지 못했습니다. 아이에게 게임을 끊게 하는 것은 거의 불가능에 가까운 일이었어요. 고등학생이 되면서 학교에 머무는 시간이 길어지니 게임을 할 시간이 상대적으로 좀 줄어들 뿐, 게임을 완전히 끊지는 못했습니다.

어머니들, 남자아이를 기르시는 분들은 저와 비슷한 경험을 많이 하셨죠? PC방 출입과 게임에 대해서 저는 너무나 쓰라린 경험들을 많이 했습니다. 그러다 저는 뒤늦게 게임을, 그리고 PC방을 너무 나쁘게만 보지 말자는 너그러운 생각을 하게 되었습니다. 남학생들은 대부분 친구들과 PC방에서 만나 게임하며 놀기 때문에 친구랑 어울리려면 게임을 안 할 수가 없더군요. 그리고 롤게임 같은 경우는 중간에 바쁘다고 그만두고 나가면 벌칙 같은 것이 있고 레벨이 떨어지는 등 불이익이 있어서, 승부욕이 강한 아이들이 더욱 게임에 빠져들 수밖에 없는 구조더군요. 저는 게임을 무조건 나쁘다고만 생각하고, 게임 이외에는 이렇다 할 만한 오락거리가 없는 남자아이들의 현실을 알아 주지 못했습니다. 거기다 청소년기의 아이들은 친구의 존재가 부모보다 더 중요하다고 생각할 정도인데, 그런 친구들과 어울리려면 게임도 하게 되고 PC방도 가게 된다는 걸 그 당시의 저는 이해하지 못했던 것입니다.

이제 와서 생각해 보니, 아이가 PC방 다니는 걸 알게 되었을 때 제가 너무 과하게 반응한 것 같아 후회가 됩니다. 학업 스트레스도 많고 여러 가지가 혼란스럽고 부모에게 말 못할 고민도 많을 사춘기

시기에, 아이가 오죽했으면 부모가 그토록 질색을 하는 PC방에 갔을까요? 아이의 입장에서 생각해 보니 이제는 아이가 좀 이해됩니다. 아이를 헤아려 주지 못하고 기다려 주지 못했던 저의 미련함에 부끄러움과 후회가 밀려오네요. 특히나 우리 아이는 독자여서 자신의 고민을 물어볼 형이나 누나도 없었으니 친구들에게 얼마나 의지했겠어요? 친구가 너무 좋아서 친구랑 어울리고 싶으니까 PC방도 가게 된 것인데, 저는 자기 인생 망치는 짓으로 간주하고 모진 말로 아이를 몰아붙이기만 했습니다.

결국 PC방도 스마트폰도, 그 어느 것 하나도 제 마음대로 되는 건 없었어요. 그러면 아무 대책도 없이 아이가 스마트폰이나 게임에 몰입하도록 내버려 둬야 했을까요? 이럴 때는 자식을 믿어 주고 지지해 주고 기다려 줘야 한다는데, 도대체 이것이 무슨 뜻일까요? 정말 가만히 손 접고 기다리기만 하면 될까요? 저는 그렇게 할 수 없어서 제가 할 수 있는 모든 방법으로 아이를 자제시키려 안간힘을 썼지만, 이제 와 보니 저의 방법이 크게 잘못되었던 것 같아요. 부끄럽지만, 끊임없이 잔소리하고 꾸중하고 속상해 하고 화내는 것이 그 당시 제가 했던 일이었어요. 그리고 그것은 아무 소용이 없었고 오히려 상황이 더욱 악화될 뿐이었습니다. 아이가 굳은 결심을 하고 스스로 자제하지 않는 한, 부모의 꾸중과 잔소리로는 아이를 절대 자제시킬 수 없다는 것을 뒤늦게 깨달았습니다.

여기서 잠깐! 평범엄마의 한마디

PC방 출입

후배 어머니들, 자녀와 게임 문제로 갈등하고 계신다면 속이 끓어서 새까맣게 타들어 가시죠? 그런데 끊임없는 잔소리나 꾸중은 정말 아무 효과도 없었습니다. 아이의 여러 가지 행동과 태도가 이해 안 되면 안 되는 대로 그냥 받아 주시고, 아이를 먼저 수용해 주세요. 엄마들에겐 도저히 이해가 안 되는 상황이라 할지라도, 아이들에겐 뭔가 사정이나 이유가 있을 것이라고 생각하세요. 언젠가는 우리 아이도 스스로 조절할 것이라고 믿어 주고 긍정의 메시지를 계속 보내며 기다려 줍시다. 그러면서 기회를 봐서 조금씩만 자제하도록 부드럽게 설득해 나가면 어떨까요? 저는 안타깝게도 이렇게 중요한 깨달음을, 아이와 갈등할 만큼 다하고 난 후에야 비로소 얻게 되었어요. 제 경우를 참고하셔서 자식과의 갈등을 지혜롭게 해결하시길 바랍니다.

05

고입에 대한 고민

••• 제가 목동에 이사 온 목적은 아주 분명했습니다. 아이의 교육을 위해서였지요. 하지만 아이 초등학교 5학년 2학기 때부터 시작된 목동살이는 그리 녹녹하지 않았어요. 그들에게 저와 우리 아이는 굴러 들어온 낯선 돌이었고 좀처럼 곁을 내주지 않더군요. 그래서 우리 아이는 처음 전학 온 한 학기는 외롭게 보내야 했고, 저는 아이의 적응을 조금이라도 돕기 위해 엄마들과 사귀면서 제 나름대로 애를 써야 했지요. 다행히 우리 아이의 학습 의욕은 대단히 높았고 자신의 노력으로 이룩한 학업 성과를 보람으로 여겼기에, 중학교 2학년까지는 기대 이상으로 너무나 선전했습니다. 중2 때까지는 전교권의 성적을 유지하고 있어서 서울에 있는 전국 단위 자사고인 하나고에 도전해 볼 꿈까지 꾸게 됩니다. 아이가 다닌 중학교에서 해마다 한두 명 정도는 하나고에 보냈기 때문에, 우리 아이도 가능성이 있을 것이라

생각하고서 하나고에 대해 알아보았습니다. 그리고 하나고에서 개최하는 하나고 설명회 및 학교 투어 행사를 어렵게 신청해서 아이와 함께 참석했지요. 그 당시에는 하나고 설명회 행사에 참석하려면 인터넷으로 접수를 해야 했어요. 명절에 하는 KTX열차표 예매처럼 아주 치열해서 인터넷 신청 창이 열리자마자 불과 몇 초 만에 신청이 마감되었습니다. 아이는 자기가 아는 선배가 하나고에 다니고 있다면서 자신도 하나고를 가고 싶다는 의욕을 보였어요. 저 역시 하나고의 눈부신 대입 실적을 알고 있었기에 너무나 욕심이 났어요.

그런데 우리 아이가 남들보다 한발 늦게 사춘기를 겪으면서 공부에 회의를 느끼고 학업을 등한시하기 시작했어요. 결국 중3이 되면서 성적 관리가 잘 되지 않아 하나고에 갈 수 있는 성적 요건을 채우지 못했습니다. 아쉬웠지만 다른 방안을 생각해야 했고, 목동에 있는 지역 단위 자사고인 Y고와 H고에 대해 알아보게 되었어요. 두 학교에서 열린 자체 설명회에 참석해 보고, 그 학교에 자녀를 보내고 있는 엄마들에게 이런 저런 것을 물어보면서 그 학교들에 대한 정보를 수집했지요. 두 학교 모두 내신 경쟁이 치열해서 수시전형에서는 좋은 결과를 얻기가 힘들고, 거의 정시 위주로 대학을 진학시키고 있다는 것을 알 수 있었어요.

사춘기의 정점을 찍고 있는 우리 아이를 보면서, 어떤 고등학교에 보내는 것이 가장 좋을지 고입 진로에 대해 참으로 깊은 고민을 했습니다. 아이가 전교권의 성적을 내며 한창 잘나가고 있을 때는 저도 신이 나서 힘든 줄 모르고 설명회에 참석했습니다. 고입 설명회는 물론이고, 미리 대비하기 위해 고1, 2 학부모들이 들으러 다니는 브런치 설명회, 대형학원에서 개최하는 대입 설명회까지 골라 다닐 만큼 열성을 보였었지요. 하지만 아이가 학업에 열의를 보이지 않게 되자, 저도 힘이 쭈욱 빠지면서 설명회에 다니고 싶은 마음이 없어지더군요. 그리고 제 스스로 기가 죽어서 그런지 예전보다 엄마들을 덜 만나게 되었습니다. 엄마들의 모임을 주도했던 제가 아이 중3 때에는 반 정기 모임에도 안 나가게 되더군요. 아이의 사춘기와 저의 갱년기가 겹쳐서 늘 우울하고 허무했어요. '내가 이러려고 무리를 해서 목동까지 왔나.' 하고 후회하면서, 그리고 '내가 좀더 현명하게 아이를 길렀어야 하는데 내가 부족해서 자식 농사를 망친 게 아닌가?' 하고 자책하면서 지냈어요. 아이 때문에 기가 살았던 이전과 달리 아이 때문에 위축이 되었고 의욕도 많이 줄어든 상황이었어요. 다른 아이들은 중1쯤에 사춘기가 와서 중2 때 정점을 찍고 중3부터는 마음을 잡는 패턴이었습니다. 그런데 우리 아이는 중2 중반부터 시작된 사춘기가 중3이 되어도 끝날 기미가 보이지 않으니, 이래 가지고 고등학교 가서 어떻게 하나 싶은 걱정이 앞서더군요.

그래도 고입은 대입과도 직결된 선택이기에 마음을 다잡고, 가기 싫었지만 꾹 참고 중요하다고 생각되는 설명회는 대부분 참석했습니다. 그런데 참 신기한 거 있죠? 제가 가기 싫었던 설명회일수록 얻어 오는 정보는 더욱 알찼어요. 집에서 우울하게 있는 것보다는 낫겠다 싶어서 별 기대 없이 참석한 자리에서 의외로 좋은 정보들을 얻을 수 있었습니다. 그러면서 일반고냐, 지역 단위 자사고냐를 놓고 현재 우리 아이의 상황에 맞추어 생각하면서 이리 저리 고민해 보았어요. 결국 우리 아이는 친구를 너무 좋아하고 친구들에게 많이 휘둘리는 편이며, 학교나 반 분위기에 영향을 많이 받는 아이라고 판단했어요. 이 판단에 따라 아이는 수업 분위기가 상대적으로 좋은 자사고를 보내는 게 좋겠다는 결론에 도달했습니다.

어머니들, 혹시 자녀가 고입을 앞두고 있어서 고민에 빠지신 분이 계신가요? 대입만큼은 아니지만, 고입도 우리 엄마들에겐 큰 고민거리일 것입니다. 아이가 좀 우수하거나 공부에 욕심이 있으면 엄마들의 고민은 더욱 깊어지지요. 아이의 대입을 위해서 어떤 고등학교를 선택해야 할 것인가가 문제일 겁니다. 저 역시 그 당시에 똑같은 문제로 머리를 싸매었죠. 그러나 정답은 의외로 간단합니다. 우리 아이의 특성에 대한 이해와 연구에서 해답을 찾을 수 있어요. 아이가 주변 환경에 덜 휘둘리고 자기 주관이 뚜렷한 경우에는 내신을 잘 받기에 유리한 고교가 더 나을 것입니다. 그리고 우리 아이처럼 주변 분위기에 영향을 많이 받고 친구를 좋아하는 아이들은 상대적으로 수업 분위기가 좋은 고교가 더 나을 것이라고 생각합니다. 그 학교가 얼마나 우수한가도 중요하지만 우리 아이가 어떤 성향이냐가 더 중요하며, 아이에게 맞는 학교에 보내시는 것이 바람직하다고 봅니다. ●●●

여기서 잠깐! 평범엄마의 한마디

고교 선택 시 고려사항

첫째, 고교 선택에서 가장 우선적으로 우리 아이의 학습 상황이나 학습 태도를 잘 고려해야 합니다. 아이의 성적이 최상위권이고 국영수에서 흔들림 없는 실력을 갖추고 있다면 자사고나 일반고 어디를 가더라도 전교권의 성적을 낼 것이므로, 아이의 선호에 따라 어느 고등학교를 선택하셔도 무방하다고 봅니다. 하지만, 중3 때 우리 아이처럼 사춘기가 끝날 기미가 없고 공부를 덜 하는 경우라면, 비교적 내신 경쟁이 덜 치열한 고교를 선택하시는 것이 좋을 듯합니다.

둘째, 성적도 중요하지만, 아이의 성향을 더욱 크게 고려해야 하더군요. 우리 아이처럼 주변 분위기에 많이 좌우되는 아이라면 상대적으로 면학 분위기가 좋은 고교를 선택하는 것을 권해드립니다.

셋째, 지원하고자 하는 고교의 대학입시결과를 꼼꼼히 알아보셔야 합니다. 해당 고교가 정시전형으로 인서울 대학을 많이 보냈는지, 혹은 수시 학종으로 주요 대학을 많이 보냈는지를 객관적 자료를 통해 꼭 확인하세요. 각 고교 입시 설명회에 참석하거나, 개인적으로 학교입학 담당 선생님을 찾아가서 입시 상담을 받으면 이런 자료에 접근할 수 있어요.

넷째, 현실적으로 고교 수업료 비용 문제도 생각하셔야 합니다. 고교 무상 교육실시로 일반고는 교육비가 무료인 반면, 자사고는 분기당 교육비를 내야 합니다. 자사고의 학비 부담이 크다는 점도 유의하셔야 합니다.

고교 선택에 대해 더 자세한 사항이 궁금하시면 제 블로그인 '평범엄마의 우리아이 대학 진학 비법과 알짜 교육 정보'의 '성공하는 입시의 모든 것 – #108. 엄마라면 꼭 알아야 할 대입 성공 노하우! 우리 아이에게 유리한 고교는 어떻게 선택할까요?'를 참고하시기 바랍니다.

06

고입, 고민 끝에 길을 찾다

••• 아이의 고입에 대해 고민하다가 아이의 성향상 목동에 있는 자사고 Y고를 보내는 것이 가장 낫겠다는 생각을 거의 굳혀 가던 어느 날이었어요. 고입 원서를 접수하기 일주일 전쯤 저는 평소 알고 지내던 엄마로부터 놀라운 정보를 접하게 됩니다. 강북에 있는 자사고 D고는 학교 프로그램과 교육 활동이 다양하고 우수하며, 학교 선생님들께서 학교생활기록부를 엄청나게 성의 있게 써 주셔서 해마다 대입 수시전형에서 강세를 보인다는 정보였어요. 그 정보를 듣는 순간 목동권 고등학교에서는 내신 경쟁이 너무나 치열한데, 'D고는 상대적으로 목동보다 내신 받기가 수월하고, 학교 분위기나 수업 분위기는 목동 못지않게 좋은 일석이조의 학교구나!'라는 생각이 번쩍 떠오르더군요. 그런데 목동에서 고등학교까지 모두 보낼 계획으로 이사 온 것이고, 게다가 우리 아파트 바로 옆에 Y고가 있어서 참으로 고민이

되었습니다. Y고의 장단점과 D고의 장단점을 비교해 봐야 하는데, 다년간의 연구가 끝나 있는 Y고에 비해, 처음 듣게 된 D고에 대해서는 알고 있는 바가 너무 없었습니다. 고입 원서 접수가 다음주인데, 갑자기 알게 된 D고라는 선택지가 상당히 매력적으로 보였어요. 이미 그 학교 설명회는 지난주에 끝나 버린 상황이라 더욱 난감했어요. 결국 저는 용기를 내어 D고 입학 담당 선생님께 전화를 걸어 개인적으로 상담을 해 주실 수 있는지 여쭤보고 그 길로 바로 D고를 찾아갔습니다.

강북은 제가 별로 안 다녀 봐서 더 낯설었어요. 큰길에서 버스를 내린 후 좁은 골목길을 10여 분이나 걸어서 드디어 언덕배기 위에 있는 D고에 도착했어요. 동네도 낯설고 좁고 긴 골목길과 오르막이 있는 불편한 통학길이 비호감이었지만, 어쩌면 이 학교에서 기회를 찾을 수 있을지도 모른다는 생각에 비가 오는 궂은 날씨를 뚫고 그 멀리까지 갔습니다. 다행히 거기에서 저는 새로운 희망을 찾을 수 있었어요. 입학 담당 선생님께서는 D고의 대입 실적에 대한 데이터들을 직접 보여 주셨고, 저는 우리 아이가 문과 성향인 듯해서 문과 위주의 대입 결과 자료를 요청해서 살펴보았습니다. 문과는 3학급 정도로 100명 안팎의 소규모 인원이었지만 서울대, 연대, 고대, 성대, 한양대, 중앙대, 시립대 등 명문 대학에 상당수가 진학한 놀라운 실적을 확인할 수 있었어요. 우리 아이는 경영학과를 가고 싶어했는데, 이 학교 문과생 대부분이 경영학과나 경제학과 쪽으로 진학한 것을 자료를 보면서 알 수 있었습니다.

그 다음으로 제가 체크한 것은 이 고교에 개설되어 있는 교육 과정이었어요. 자사고인 만큼 특화된 교육 과정이나 과목이 개설되어 있을 것이라 생각해서 여쭤본 것입니다. 제가 제일 관심 있었던 경제 과목이 2학년 문과에 개설되어 있다는 것을 알게 되면서 '바로 여기구나!' 하는 확신이 생겼습니다. 아이가 대학 전공을 경영이나 경제 쪽으로 생각하는데 웬만한 일반고에는 경제 과목 자체가 개설되어 있지 않았어요. 그래서 기초적인 경제 개념도 모르고 경영학과를 지원하는 불리함이 있었는데, D고에서는 경제 선생님께서 문과 진학 지도의 선봉에 서 계신다는 소리를 들으니 더 망설일 이유가 없었습니다.

저는 시간상 너무 촉박한 상황이지만, 제가 모은 이 생생한 정보를 아이와 남편에게 알려 주면서 D고를 우선적으로 고려해 보자고 제안했습니다. 아이는 목동에서 기라성 같은 아이들과 경쟁해 보았고, 이런 대단한 아이들과 고등학교 내신 경쟁을 펼쳐야 하는 것이 부담스럽다고 생각해서인지, 자신도 D고에 가고 싶다는 의견을 말하더군요. "엄마가 다 알아봤으니까 나는 엄마의 정보력을 믿어." 남편도 D고에 대해 알아보더니 나쁘지 않은 선택인 것 같다는 반응을 보였어요. 사실 우리 아이는 중1, 2 때 하나고 진학을 꿈꾸었는데, 자기와 어깨를 나란히 했던 아이들이 영재고에 합격했거나 과학고나 하나고, 외고를 지원하는 걸 보면서 자기도 그 친구들처럼 목동을 떠나고 싶었던 것 같아요. 사춘기 때 공부를 덜 했던 것이 이제 와서 후회가 되었던 모양입니다. 또 D고가 대입 실적이 좋고 문과생들이 명문 대학 경영학과로 많이 진학했다는 소리를 들으니까 그 점이 마음에 들었다고 하더군요. 이리하여 저희 집은 자식 교육을 위해 다시 강북으로 이사를 가게 됩니다. 제 아이는 이런 과정을 거쳐 고교를 선택했어요. 그런데 초 · 중등 교육법 시행령이 개정되면서 2025년 3월부터 자사고, 외국어고, 국제고는 일반고로 전환된다고 하니 이 점을 유의하세요. 특히 지역 단위 자사고는 2025년 전에도 학교별로 자사고 지정이 취소되는 경우도 있어요. 제 아이가 다녔던 고교도 제 아이 졸업 후 다음 해에 일반고로 전환되었습니다. 자녀의 고교를 선택하실 때 이러한 정책 변화와 변수도 함께 고려해야 합니다.

여기서 잠깐! 평범엄마의 한마디

고교 입학 상담

어머니들, 대규모 학교 설명회에 참석하셔서 설명을 들으시고 학교 팸플렛 등의 자료를 받아 오시는 것도 좋습니다. 그런데 어머니께서 개인적으로 그 학교에 전화해서 입학 담당 선생님과 통화하시고 상담을 받으시면 보다 생생한 정보를 얻으실 수 있답니다.
또한 상담하러 가시기 전에 궁금한 점이나 질문 내용들을 미리 생각해 보시고 메모해 가시는 것도 권해 드립니다. 입학 담당 교사의 설명을 듣고만 오기엔 너무 아까운 기회이니까, 이 학교에 대해서 진짜 궁금한 점을 솔직하게 질문하세요. 노골적인 질문도 괜찮고, 공개적으로 나타나 있지 않은 보다 세밀한 질문을 하셔도 무방하다고 봅니다. 직접 알아보러 다니시면 의외의 좋은 정보들을 얻을 수 있답니다.

제4부

교육을 위해 강을 건너다

평범엄마의
자녀 교육

01

대입을 위해 탈목동을 선택하다

••• 대입을 염두에 두고 우리 아이에게 가장 적합한 고등학교를 선택하다 보니 결국 목동을 떠나게 되었어요. 목동에 입성하는 것도 큰 도전이자 용기가 필요한 일이었는데, 목동을 떠나는 것은 더욱 큰 용기가 필요한 일이었어요. 마음 약한 저로서는 학군 좋고 학원가가 잘 갖춰진 목동에 대한 미련을 버리는 것이 참 쉽지 않더군요. 그런데 안타깝게도 내신 경쟁이 너무 치열한 목동에서는 우리 아이에게 기회가 별로 없어 보였습니다. 아이가 마음을 다잡고 앞만 보고 공부했다면 굳이 이렇게 탈목동까지는 하지 않아도 되었을 거예요. 하지만 그 당시 아들의 학습 태도와 마음 상태로는 도저히 승산이 없어 보였고, 이것이 제가 탈목동을 선택한 가장 큰 이유였어요.

아이의 고등학교 때문에 강북으로 이사가는 것은, 집과 남편 회사 간의 거리가 훨씬 더 멀어지게 되어 남편의 희생이 뒤따르는 결정이었어요. 무슨 용기로 그렇게 했는지 모르겠지만, 이사에 따른 이런 저런 불편한 일이 많았는데도 저는 과감하게 이사를 감행했어요. 이삿짐을 싸고 한강을 건너면서 우리 아이가 고등학교 가서는 제발 마음 단단히 먹고 공부했으면 좋겠다는 생각만 했어요. 부모가 자신을 위해서 이사를 하고 여러 가지 수고로움을 감수하는 모습을 보고, 아이는 고등학교 가서 게임도 끊고 열심히 공부하겠다고 다짐을 하더군요. 저는 부모가 고생하는 것을 보고 아이가 심기일전해서 이렇게 기특한 결심을 해 준 것이 고마웠어요. 그리고 사춘기는 그만 끝내고 예전 전성기 때의 모범적인 모습으로 돌아와 주길 바라고 기대했어요. 친구를 너무 좋아하는 우리 아들은 외로움을 느끼며 다시 낯선 동네로, 그리고 낯선 학교로 가게 되었습니다.

D고는 신입생 관리가 철저해서 입학하기도 전인 중3 겨울 방학 때 3주 정도 예비학교 형태로 자율학습을 시켰습니다. 우리 아이도 신입생 자율학습에 참가하였고 미리 학교 분위기를 익힐 수 있었어요. 목동에서 같은 중학교를 나온 친구 한 명도 함께 D고를 가게 되어, 두 아이는 반은 달랐지만 점심시간에 밥을 같이 먹으며 외로움을 달랬습니다. 그리고 중학교는 달랐지만, 목동 출신의 다른 아이와도 이내 친구가 되어 세 명이 함께 점심을 먹었답니다. 예비학교 때 교장 선생님께서는 그해 고3들의 대입 실적이 우수함을 자랑하시면서 신입생들에게 자부심을 심어 주시고 격려해 주셨다고 합니다. "엄마, 고3 선배들이 9명이나 서울대에 합격해서 학교가 축제 분위기야. 교장 선생님께서 기분 좋으셔서 자습하러 온 우리한테도 귤을 돌리셨어. 나도 열심히 해서 서울대 가고 싶어. 내가 서울대 붙으면 예쁜 멍멍이 기르게 해 줄 거지?"라고 말하며, 우리 아이도 덩달아 사기가 올라서 신나게 자율학습에 참여했어요. 저는 '역시 학교 분위기가 중요하구나!' 라고 느끼며 이 학교를 선택하길 잘했다는 생각을 했습니다.

저는 이렇게 아이 교육을 위해 살던 동네를 또다시 등지고 이사를 가게 되었어요. 제가 아이 교육 때문에 두 번이나 이사를 감행하자, 제 주변 사람들은 저에게 '참 별나다', 혹은 '참 대단하다'는 반응을 보이더군요. 그러나 그 당시 저에게는 남들 시선이 중요하지 않았습니다. 우리 아이에게 맞는 고등학교를 선택해서 거기서 좋은 성과를 낼 수 있도록 최대한 도와주고 지원해 주는 일이 저에게는 가장 절실하고 중요했어요. 그래서 아이 학습 태도, 성향, 심리 상태를 종합적으로 고려해서 너무 치열하지 않으면서 수업 분위기는 좋은, 아이에게 딱 맞는 고등학교를 골라서 보내게 된 것입니다. ●●●

여기서 잠깐! 평범엄마의 한마디

고입

고입은 사실상 대학 진학의 기초가 되는 관문입니다. 일반고, 자사고, 외고, 과학고, 특성화고 중에서 우리 아이의 학업 태도와 성향을 잘 파악해서 결정을 하는 것이 중요합니다. 특목고나 자사고를 가는 것은 면학 분위기 측면에서 대입의 유리한 고지를 확보하는 것처럼 보이지만, 그 결과는 결국 아이들의 노력에 따라 달라지게 됩니다. 일반고에서도 얼마든지 우수한 대입 실적을 거두는 학생들이 많기 때문입니다. 2025년 3월부터는 자사고, 외국어고, 국제고가 일반고로 전환되지만, 과학고나 영재학교는 그대로 유지됩니다. 자녀분의 고입 시기가 이러한 변혁기와 맞닿아 있다면 더욱 신중하게 고교를 선택해야 합니다.

02

고1 첫 모의고사와 반 회장 선거

••• 드디어 아이가 고등학교에 입학을 했습니다. 입학하자마자 첫날부터 정상 수업을 하고 저녁 늦게 귀가했어요. 3월 한 달 동안은 고등학생이 되었다는 긴장감으로 아이가 집에 오면 너무나 지쳐 있었어요. 예나 지금이나 우리나라 고등학교 생활은 너무 빡세고 힘든 것 같아요. 우리 세대도 고등학교 갈 때에 마음 졸이면서 잔뜩 겁을 먹었었고, 이제 좋은 시절은 다 지나서 공부만 해야 한다고 생각했어요. 그런데 아들 세대의 고등학교 생활은 더욱 고되어 보였습니다. 고1이 되면 입학하고 며칠 지나지 않아 바로 전국모의고사를 치르게 되는데, 우리 아이도 인생 최초로 긴장 속에서 아침부터 오후 늦게까지 길게 치르는 모의고사를 경험하게 됩니다. 우리 아이는 중3 때 공부를 덜 하긴 했지만 중2 때까지는 열심히 했었기에, 국영수의 기본기가 어느 정도 닦여져 있던 터라 의외로 너무 좋은 성적을 거두었습니다.

국영수 점수만 합산했을 때, 전교 3등이었어요.

사실 3월 초에 치르는 첫 모의고사는 중학교 과정을 시험 범위로 하기 때문에, 이 모의고사 점수가 향후 고등학교 내신과 완전히 일치하지는 않을 겁니다. 하지만 고등학교에 와서 처음 보는 모의고사이고, 1교시부터 4교시까지 풀타임으로 치러지는 아이들 인생 최초의 수능 스타일 시험이에요. 그러므로 아이의 학력 수준을 확인할 수 있고, 고등학교 과정을 공부하기 위한 학습 준비도를 체크할 수 있습니다. 또한 상대적으로 자기 학교에서 어느 정도의 위치를 차지하는지, 전국에서 어느 정도의 위치를 차지하는지를 확인할 수 있다는 점에서 의미가 있습니다. 우리 아이는 1교시 언어영역, 2교시 수리영역, 3교시 외국어영역을 합산한 점수 300점 만점에 283점을 받았습니다. D고에서는 이 점수가 전교에서 주목을 받을 만큼 아주 좋은 성적이었지만, 목동권 유명 자사고에서는 그냥 상위권을 차지하는 정도의 점수였어요. 목동이 얼마나 치열한 곳인지 알 수 있는 대목이지요.

우리 아이는 조금만 먹어도 살이 찌는 체질이라 초등학교 때부터 늘 통통했었고, 자신의 몸매에 대해 콤플렉스를 많이 느끼고 있었습니다. 더구나 친구도 거의 없는 낯선 고등학교에서 아이는 통통한 외모에 콤플렉스를 느끼며 기를 펴지 못했습니다. 그래서 친구를 사귀기가 힘들어서 입학 후 며칠 동안은 친구 없이 혼자 점심을 먹었다고 합니다. 그런데 고1 첫 모의고사에서 뜻밖에도 전교 3등의 성적을 거두자, 자신을 대하는 반 아이들의 태도가 확 바뀌면서 자기에게 상당한 관심과 호감을 보였다고 합니다. 저는 고등학교에서의 첫 출발이 좋으니 앞으로도 이 분위기를 쭉 이어 가기를 바랐어요. 그리고 얼마 동안은 아이 스스로 다짐한 대로, 고등학교에 가면 게임을 끊겠다는 약속을 지키는 듯 보여서 저는 마음속으로 안도하고 있었습니다.

그러던 어느 날 학교를 다녀 온 아들의 표정이 너무나 어두웠습니다. 이유를 물어봐도 묵묵부답이었어요. 사춘기 이후 우리 아이에게는 비밀이 너무 많이 생겼고, 저에게 말하지 않는 것들이 많았습니다. 도대체 마음속으로 무슨 생각을 하고 있을까? 오늘은 또 무슨 일로 저렇게 안색이 안 좋은 것일까? 엄마로서 그 이유를 알아낼 길이 없으니 너무 답답했어요. 이럴 때 엄마들은 정말 미칠 지경이 되잖아요. 궁금하고 신경 쓰이고 걱정도 되고…. 나중에 알게 된 일이지만, 아이가 반 회장 선거에 나갔었다네요. 자기는 회장이 되고 싶어서 소견 발표를 위해 며칠을 준비했는데, 그냥 짧게 몇 마디만 한 아이들이 회장, 부회장이 되는 것을 보고 너무 속상하고 자존심이 상했다고 합니다. 자신의 통통한 외모가 혹시 회장 선거에서 불리하게 작용한 게 아닌지 생각하면서, 아들은 남에게 호감을 주지 못하는 몸매 때문에 상심해 있었던 모양입니다. 거기에다 소견 발표를 그렇게 열심히 준비했는데 그 정성도 몰라 주는 반 친구들이 야속하기도 하고 섭섭한 마음도 들었던 것 같아요. 학교생활기록부에 좋은 내용이 적혀 있어야 좋은 대학을 간다는 생각에 반 아이들이 회장 선거에 대거 참여했다고 합니다. 일단 임원 활동은 학생부에 기록되는 사항이고 아이의 리더십을 보여 줄 수 있는 활동이다 보니, 반 인원 35명 중 12명이나 회장 선거에 나왔고, 대부분이 한 표나 두 표밖에 받지 못했다고 합니다. 역시 고등학교에서는 공부든, 임원 선거든 모든 것이 치열하더군요.

이리하여 우리 아이의 고등학교 생활이 시작되었습니다. 고등학교에 가면 초기에 아이들이 많이 힘들어 하고 피곤해 하더군요. 중학교 때와는 너무 다른 환경이 아이들에게 큰 부담과 긴장감을 안겨 주기 때문일 것입니다. 어디를 가도 공부, 공부. 고등학교에서는 복도에서 아는 선생님을 만나도 "요즘 공부 잘 되니?", "열심히 해." 등의 말씀을 하시니, 아이들이 느끼는 중압감은 우리가 생각하는 것보다 훨씬 더 클 것입니다. 그리고 공부뿐 아니라 회장, 부회장 같은 반의 임원 활동도 학생부에 기재되고 조금이라도 자신을 돋보이게 하는 요소가 되니까 아이들이 앞다투어 회장에 도전하는 등 모든 활동이 경쟁의 연속입니다. 공부든 학교 활동이든 뭐 하나 만만한 것이 없으니 아이들이 스트레스를 받을 수밖에 없어요. 이때 엄마들이 우리 아이들에게 해 줘야 할 것은 "괜찮아, 잘하고 있으니 너무 마음 쓰지 마."와 같은 격려의 말 한 마디일 것입니다.

저는 아이가 안 좋은 표정으로 집에 오면 저도 덩달아 심란해져서 그 이유를 캐묻곤 했어요. 그런데 이런 접근은 정말이지 백해무익했어요. 아이가 더욱 날카로운 반응을 보이면서 "나 좀 가만 내버려 두라고." 혹은 "엄마는 알 것 없잖아." 하고 고함치듯 말하더군요. 그냥 아이가 집에서 조용히 쉬면서 자기의 마음을 풀도록 내버려 뒀어야 해요. 불안한 마음에 그리고 급한 마음에 몇 번이고 묻고 또 물었지만, 대답 대신 아이의 짜증과 고성만 들을 수 있었습니다. 이렇게 되면 아이는 아이대로 저는 저대로 마음이 상하게 되고 사태가 더욱 악화될 뿐이었습니다. 걱정한다고 해결될 것은 하나도 없는데, 아이가 달랑 하나뿐이다 보니 모든 관심이 아이에게 집중되었고, 그 탓에 이 바보같은 엄마는 아이의 일거수일투족이 늘 불안하고 초조했어요. 엄마들은 자식을 위해서 걱정을 하지만, 우리 아이들은 이런 걱정을 고마워 하기는커녕 간섭이나 잔소리라고 생각하여 달가와 하지 않더군요. 자식 농사는 정말 인내와 기다림이 필요합니다. ●●●

여기서 잠깐! 평범엄마의 한마디

인내와 기다림

잔뜩 인상 쓰고 집에 들어오는 아이를 보면 엄마의 마음도 함께 무너집니다. 이유가 뭔지 궁금해서 미칠 지경이지만, 캐묻지 마시고 아이가 나중에 얘기해 줄 때까지 기다려 주시는 게 좋을 듯합니다. 그리고 아이가 예민하게 굴 때는 반드시 뭔가 까닭이 있더군요. 우리 엄마들은 그 이유가 너무 궁금하지만, 아이는 우리에게 비밀로 하려고 할 때가 많지요. 급한 마음에 당장 알아내려고 캐물으면 물을수록 아이는 더 깊이 감추더라구요. 아이가 예민할 때는 엄마가 이유를 알고 싶으셔도, 궁금한 건 궁금한 대로 내버려 두고 기다려 줍시다.

03

PC방 사건 #2.
깨어진 약속

●●● 아이가 고등학생이 되어 첫 모의고사도 성공적으로 치르고 새 친구들과도 잘 사귀면서 적응을 해 가자, 저는 아이의 고등학교 생활이 순탄하게 잘 진행될 줄 알았습니다. 그런데 안심도 잠깐이었어요. 입학 후 열흘 정도 지난 어느 날, 아이가 또 인상을 찌푸리고 집에 왔어요. 그러더니 문 닫고 자기 방에 콕 박혀 있던 여태까지의 행동 패턴과는 달리, 이번에는 저에게 자기가 너무 힘들고 스트레스가 정말 많다는 불평의 말들을 내뱉더군요. 아침 6시에 일어나 잠도 덜 깨 학교를 가고, 하루 종일 수업 받고 야간자율학습을 하고, 밤 10시가 넘어서 집에 돌아오는 생활이 너무 고단하고 싫다는 것이었어요. 그리고 되는 일이 하나도 없다는 것입니다. 반 회장 선거에 나가 그렇게 애를 써서 소견 발표를 해도 안 되었고, 학습부장, 선도부장, 영어부장, 수학부장 등 뭔가 부장 자리라도 하나 하고 싶었는데 그것도 쉽지

않았답니다. 반 아이들이 부장을 서로 하겠다고 너도 나도 다 손을 드는 바람에 가위바위보를 해서 정해야 했고, 자기는 가위바위보를 자꾸 지는 바람에 아무 부장도 되지 못했다는 것이었어요. 이제 와 생각하면 참 귀엽고 웃기는 투정인데, 그때는 초보 엄마라 저도 덩달아 같이 속상해 하고 같이 힘들어 했답니다. 아이를 오랜 시간 기르면서 저는 아이의 거울 같은 존재가 되어 버렸어요. 아이가 웃으면 저도 같이 웃고, 아이가 힘들어 하면 저는 두 배 세 배 더 힘들더군요. 저는 이런 아들에게 고등학교 생활은 원래 다 이렇게 힘든 거라고, 그래도 열심히 하면 반드시 좋은 결과가 있을 테니 조금만 참으라고 이야기 했습니다. 그러나 아이에겐 이런 틀에 박힌, 교과서적인 말은 전혀 위로가 되지 않았지요. 아이가 힘들다고 짜증냈을 때 묵묵히 그 이야기를 다 들어 주고, "그래, 너 고생 참 많구나!" 혹은 "아유, 너 참 힘들었겠네." 하고 공감을 해 주는 것이 차라리 더 나았을 것이라는 생각이 드네요. 아이가 하는 행동을 거울처럼 그대로 맞받아치는 반응이 아니라 수용적이고 공감적인 태도를 보였어야 하는데, 그 당시 저는 그게 잘 되지 않더군요.

그리고 며칠이 지나고 주말이 되었어요. 자기 방에서 스마트폰 공기기를 보던 아이가 바람을 쐬고 오겠다며 나가더니, 저녁이 다 되어도 돌아오지 않더군요. 이사 온 동네에 아는 친구가 있는 것도 아니고 아이가 어딜 갔을까요? 저는 직감적으로 알겠더군요. 또 PC방에 갔구나 하는 생각이 자동적으로 들었어요. 아이를 그냥 집에서 기다릴까? 아니면 PC방을 찾아 다녀 볼까? 저는 계속 고민하다가 결국 가만히 기다리지 못하고 새로 이사 온 동네 PC방을 찾아갔어요. 제발 아들이 거기에 없기를 바랐는데, PC방 한 켠에 우리 아이가 있더군요. 고등학생이 되면 PC방 안 다니고 게임도 끊겠다던 아들의 약속에 제가 얼마나 기쁘고 안도했는지 모른답니다. 그런데 다시 저기에서 또 게임하는 걸 제 눈으로 봐야 했습니다. 자식 잘 되라고, 조금이라도 자식에게 도움이 되라고 엄마는 이리 뛰고 저리 뛰는데, 자식은 너무 엄마 마음을 몰라 주더군요. 분노와 섭섭함이 폭발했어요. 다른 아이들은 독서실 가서 공부할 시간에 이 녀석은 PC방에 있네요. 이래 가지고 스카이 대학은 커녕, 인서울 대학조차 힘들겠다는 생각이 저절로 들더군요. 고등학교 교사 경력에다 각종 정보 수집으로 어느 정도 해야 어느 정도 대학을 가는지 훤히 꿰고 있는 저로서는 참으로 암울하고 비참한 생각만 들었습니다. 자식이 부모 마음을 다는 아니더라도 어느 정도는 알아줘야지, 이건 해도 해도 너무한다 싶었어요. 저는 게임에 한창 열중하고 있는 아들에게 당장 나오라고 쏘아붙이고는 그 자리를 박차고 나왔습니다. PC방 밖에서 아이를 기다리는데, 아이가 나와서는 저를 피해서 자전거를 타고 도망치듯이 쌩하고 가버렸습니다. 집으로 돌아오는 길에 저는 실연 당한 사람처럼 눈물, 콧물을 흘렸고, 집 현관에 도착하자 땅바닥에 앉아서 대성통곡했어요.

아이가 한동안 게임을 끊은 듯하더니, 사실은 게임을 끊지 못하고 제 눈을 피해 PC방을 다니고 있었던 것입니다. 아이 때문에 이사까지 했는데, 이게 다 무슨 소용인가 싶어서 좌절감과 낭패감까지 몰려왔어요. 고1이 공부와 학교 활동으로 몸이 두 개여도 모자랄 판에 게임에 손댄다는 건 엄청난 시간 낭비요, 전력 손실이며, 경쟁력의 상실로 이어짐은 너무나 자명한 일이었어요. 그래서 저는 그토록 게임을 끊게 하려고 애를 썼던 것입니다. 공부하다가 기분 전환으로 살짝 살짝 하는 게임은 괜찮지 않냐고 생각할 수도 있지만, 그 당시 아이가 했던 롤게임은 앉은 자리에서 서너 시간이 아주 우습게 지나가게 하는 게임이었어요. 게임 한 판이 어떨 때는 30분 정도만에 끝나기도 하지만, 또 어떨 때는 한 시간이 지나도 안 끝났어요. 그리고 치열하게 게임을 하고 나면 이기면 이기는 대로 그 맛에 다음 게임을 돌리게 되고, 지면 지는 대로 열 받아서 다시 다음 판을 돌리게 되는 정말 시간 잡아 먹는 요물이었어요. '게임은 도대체 누가 만든 거야? PC방들 전부 없어졌으면 좋겠다….' 아이가 다시 PC방을 다니면서 저는 이런 원망도 많이 했습니다. 아이가 마음을 잡지 못하고 게임이나 하는 현실을 받아들이기 너무 힘들어서 저는 PC방과 게임을 원망했던 것 같습니다.

어머니들, 저와 비슷한 경험을 하신 분들이 분명히 있으시죠? 저만 이런 처절한 경험을 한 건 아니겠지요? 저는 아이가 게임을 끊게 하려고 별별 수단을 다 써 보았지만, 모두 소용없었습니다. 결국 아이가 게임을 끊지 못하고 고2 때까지 계속 PC방을 다니는 모습을 봐야 했어요. 자식은 참 마음대로 안 되더군요. 그런데 뒤늦게 깨달은 게 하나 있어요. 아이가 PC방을 가고 게임에 빠지는 건 게임의 재미보다는 친구와 어울려야 했기 때문이었어요. 또 하나의 큰 원인은 공부가 너무 하기 싫어서였습니다. 공부를 강요하는 집안 분위기, 그리고 학교 분위기가 숨 막히고 싫었던 것입니다. 공부가 재미있어서, 하고 싶어서 하는 사람은 세상에 그다지 많지 않을 것입니다. 자신의 목표를 이루어야 하니까 힘들지만 꾹 참고 공부하는 거잖아요. 요즘 아이들은 우리 아이처럼 순간에 사는 아이들이 많은 것 같아요. 지금 이 순간 편하면 되고, 재미있으면 된다고 생각하는 듯해요. 이 순간을 이렇게 보내서 뒤에 오게 될 결과는 전혀 안중에도 없고, 미래에 대한 어떠한 대비책이나 계획도 없이 순간 순간 되는 대로 살아가는 듯 보이더군요. 저는 이런 태도를 보이는 아이에게 현재 행동에 대한 결과에 대해, 그리고 미래를 위해 현재를 조금 더 잘 보내도록 훈육했지만, 아이에겐 무의미한 잔소리에 불과했던 것 같아요. 그냥 흘려 듣고 저 잔소리 언제 끝나나 하고 기다리는 표정이었지요.

어머니들, 저는 사실 게임에 대해서, 그리고 PC방을 끊게 하는 것에 대해 권해 드릴 말씀이 없어요. 자식과 끊임없이 갈등했던 가장 큰 원인이 바로 게임이었고, 결국 끊게 할 수도 없었으니까요. 그런데 저 못지않게 자식 교육에 열심이고 자식 관리가 철저한 목동 엄마들도 아이가 PC방 가는 것을 끝내 근절시키지 못하시더군요.

저는 아무리 카리스마 있고 자식 교육에 고수인 듯 보이는 엄마라 해도, 자식 이기는 부모는 본 적이 없어요. 자식을 어떻게든 원하는 방향으로 이끌어 보려고 안간힘을 쓰며 끝까지 버티던 센 엄마들도, 결국 자식이 고2쯤 되면 다들 내려놓으시더군요. 해도 해도 안 되니 지쳐서 내려놓게 된다고 이구동성으로 말씀하시는 소리를 들었습니다. 저도 자식을 이기지 못했고 제 마음에 차지 않는 자식의 모습들을 그냥 받아들일 수밖에 없었습니다. 차라리 이렇게 될 거였으면, 처음부터 쿨하게 게임하는 것을 제지하지 말고 허락해 줄 걸 그랬다는 생각이 드네요. 그랬으면 그렇게 아이와 다투지 않아도 되었을 것이고 가정불화도 일어나지 않았을 것입니다. 그리고 어쩌면 저의 방해나 반대 없이 게임을 하다 지친 아이가, 이제는 그만하고 공부해야지 하고 스스로 마음을 잡았을 수도 있지 않았을까 하는 생각도 해 보았어요. 아이는 부모가 허락해 주지 않으면 그것을 더욱 열망하고, 그것을 하기 위해 부모를 속이고 비밀을 만들더군요. 어느 편이 더 현명한지는 후배 어머니들 각자의 선택에 맡길게요. 저처럼 미련하게 끝까지 버티다 값비싼 희생만 치르고 효과도 없이 장렬히 전사하실 것인지, 아니면 아예 쿨하게 게임하는 걸 내버려 두고 대신 과하지 않게 하도록 조절하라고 살살 권하면서 속이 끓지만 참으실지, 선택은 어머니들의 몫입니다. ●●●

04

고1 첫 반 모임에서 생긴 일

●●● 3월 말쯤이 되니 학교에서 설명회 겸 학부모총회를 열어서 부모들을 초대해 주었어요. 저는 기다렸다는 듯이 참석해서 학교 강당에서 설명회를 들었지요. 학교 학사 일정이나 여러 가지 교육 활동에 대한 안내와 함께 직전 졸업생들의 대입 실적도 알려 주셨습니다. 저는 아무리 바빠도 절대 놓쳐서 안 되는 것이 매 학년의 3월 학부모총회라고 생각합니다. 학교의 교육 방향과 학교 생활이 안내되는 시간에 저는 수첩에 주요 사항을 빼곡하게 메모했어요. 이어서 각 학급에서 담임 선생님께서 진행하시는 반별 학부모총회가 있었습니다. 우리 아이의 담임 선생님은 어떤 분이신지, 그리고 어떤 생각과 철학으로 반을 이끌어 가실지 등을 알아볼 수 있는 기회였어요. 우리 반 선생님은 아주 꼼꼼하고 열성적인 분이셨고 아이들에 대한 애정도 각별한 분이셨어요. 제가 교사를 해 보았기 때문에 저는 첫눈에 알아볼 수

있었지요. 우리 아이가 참 좋은 담임 선생님을 만났다는 것을요.

학부모총회가 끝나고 회장 엄마는 같은 반 엄마들의 연락처를 모아서 며칠 후 첫 반 모임을 갖자는 단체 톡을 보냈어요. 그리고 강북에서의 첫 학부모 모임에 가게 되었습니다. 연신내역 근처에서 만났는데 고등학교 치고는 많은, 20명이 넘는 엄마들이 참석하셨어요. 서로 서먹서먹 하니까 이런 저런 겉도는 이야기들이 오가고 간혹 학교 얘기나 학원 얘기가 나오긴 했어요. 하지만 초등학교나 중학교 엄마들 모임보다는 훨씬 더 말을 아끼고 조심들을 해서 양질의 대화는 이루어지지 못했어요. 그냥 모임을 주최한 회장 엄마가 누구인가, 부회장 엄마가 누구인가 정도만 파악하는 정도였죠. 그리고 우리 아이가 자주 어울리는 친구의 엄마가 누구인지 알아보는 정도였어요.

그런데 불안한 예감은 왜 항상 맞을까요? 저는 반 모임을 하는 식당 건물 지하에 PC방이 있는 것을 보고, '설마 엄마들 모임을 하는 오늘까지 우리 아이가 PC방에서 게임을 하고 있는 건 아니겠지?' 하는 생각을 잠깐 했었습니다. 설마설마하면서도 불안한 마음에 엄마들 모임 중간에 잠시 화장실을 다녀오겠다고 하고는 그 건물 지하1층으로 내려가 보았습니다. 그런데 교복을 입고 PC방에 앉아 있는 아이를 보고야 말았어요. 반 모임이 즐거워서 나가는 엄마들은 아마도 그리 많지 않을 것입니다. 아이가 반에서 어떻게 생활하고 있는지 뭐라도 아이 얘기를 들을까 해서, 우리 반이 어떻게 돌아가고 반 분위기가 어떤지 알아볼까 해서, 그리고 엄마들 입에서 조금이라도 정보를 들을 수 있을까 해서 그 자리에 나가게 되는 거잖아요. 물론 같은 모임을 두세 번 이상 하게 되면 자주 얼굴을 보는 엄마들과 친분이 쌓이고, 마음이 통하는 엄마들과는 따로 만나 차 한 잔 하는 사이가 되기도 합니다. 그렇지만 우선 첫 모임은 서먹서먹해서 모임에 참석하는 마음이 그다지 즐겁지는 않지요. 아이를 위해서 일종의 의무감이나 기대감, 또는 일하는 기분으로 참석하게 되더군요. 이렇게 엄마는 자식을 위해서 뭐라도 하나 더 알아보려고 어색하지만 모임에 참석하고 있는데, 자식은 그 건물 지하에서 게임을 하고 있다니…. 참으로 힘 빠지는 일이었어요. 아니 더 솔직히 말하면 정말 우리 아이가 너무나도 야속했습니다. 엄마 마음 진짜 몰라 주는 무심한 우리 아들….

같은 건물 지하에서 아들이 게임을 하고 있는 걸 확인하고 넋이 반은 나가서 다시 모임 자리에 복귀했지요. 엄마들의 이야기가 귀에 들어오지도 않았고 그냥 멍하니 앉아 있다가 모임이 파하자 힘없이 내려왔습니다. 정류장에서 버스를 기다리는데 아까 모임에서 만난 엄마 한 분이 계시더군요. 그분은 우리 아이가 3월 모의고사를 잘 본 것을 부러워 하셨고, 목동 출신이니까 앞으로 물어볼 것이 많을 것 같다는 말씀을 하시더군요. 그러면서 자기 아이는 중학교 때 전교권의 성적을 내다가 이번 모의고사를 너무 못 봐서 속상했다면서, 자기 아이도 우리 아이처럼 공부 잘했으면 좋겠다는 말씀을 하시더군요. 저는 너무 당황스러웠어요. 아이가 첫 모의고사를 잘 본 건 맞지만 그 후 공부를 대강대강 하고 있고, 오늘도 저렇게 PC방에서 게임을 하고 있는데, 제가 공부 잘하는 아이 엄마라고 부러움을 사도 되는 것일까요? 곧 무너질 둑 앞에 불안하게 서 있는 사람처럼 절망을 느끼면서도 초면에 자초지종을 설명하기 민망해서 애써 마음을 가누고, 과찬이시라고 말씀드렸어요. 아이에 대한 칭찬에 겸손하게 답한 것이 아니라 아이의 현 상태를 너무나 잘 알고 있기에, 그리고 그 결과가 얼마나 참혹할지도 잘 알고 있었기에 드린 말씀이었어요. 그런데 그 후 그 엄마의 아들은 고1 때까지는 살짝 고전했지만 고2, 고3 때 불굴의 의지로 공부해서, 결국 서울대학교를 수시 학생부종합전형으로 가게 된답니다.

어머니들, 제 심정 아시겠죠? 시험 한번 잘 본 후, 계속 대책 없이 노는 아들…. 차라리 공부에 소질이 없는 아이라면 일찌감치 다른 분야를 알아봤을 텐데…. 중학교 때는 왜 그리 공부를 잘해서 엄마를 한껏 기대에 부풀게 하더니, 이제 와서 남들은 야간자율학습을 할 시간에 저렇게 PC방에 앉아 있는 것인지. 아무리 이해하려고 노력해도 이해가 안 되고 아들이 야속하기만 했습니다. 다른 아이들은 첫 시작은 우리 아이보다 뒤쳐져 있었어도 마지막까지 열심히 공부해서 훨씬 더 좋은 대학들을 가는 사례를 저는 수도 없이 많이 보았어요. 저는 우리 아이가 더 잘할 수 있는데도 노력을 덜 하여 좋은 기회를 놓치는 게 너무 아깝고 안타까웠습니다. ●●●

여기서 잠깐! 평범엄마의 한마디

고교 내신 성적 고민

후배 어머니들, 지금은 자녀가 이웃집 아이와 비교되게 학원 레벨 테스트를 떨어지거나, 시험을 더 못 봤다고 해서 계속 그 아이보다 못하리라는 법은 없습니다. 중요한 것은 끝까지 포기하지 않고 노력하는 태도입니다. 저는 노력하는 학생들에게 기회의 문이 반드시 열린다는 것을 교직 생활에서도, 그리고 평범한 엄마의 삶에서도 반복적으로 목격해 왔습니다. 고등학교 학업에 있어서 지능도 중요하지만 노력하는 태도와 끈기가 그 무엇보다 중요하다는 것을, 노력을 덜 하는 우리 아이를 키우면서 뼈저리게 느꼈습니다. 자녀가 지금 이 순간 조금 뒤진다고 너무 초조해 하시지 않아도 됩니다. 끈질긴 노력만 한다면, 역전의 기회는 있어요. 반대로 우리 아이 경우처럼 첫 시험을 잘 보았으나 그 이후 노력을 덜 해서 아쉽고 안타까운 내신 성적을 받는 경우도 있답니다. 자녀의 처음 한두 번의 시험 결과에 너무 일희일비하지 마시기를 권해 드립니다. 자녀가 고등학교 와서 시험을 못 봤다고 좌절할 때에, 함께 좌절하시지 말고 자녀를 격려해 주세요. 노력을 통해 역전의 기회가 있고 여러분의 자녀도 그 역전의 주인공이 될 수 있음을 꼭 알려 주시기 바랍니다.

05

동아리활동으로 개성을 어필하라

••• 우리 아이는 학업 이외에도 학교생활기록부에 기록될 여러 활동들에 대해서 신경을 많이 썼습니다. '창의적 체험활동'이라 불리는 이 활동들에는 동아리활동, 자율활동, 진로활동, 봉사활동 등이 있어요. 그중에서도 아이의 특성이나 특기를 가장 잘 드러내 주는 핵심적인 활동이 바로 동아리활동입니다. 우리 아이는 경제나 경영 쪽으로 진로를 생각하고 있어서 경제나 경영 분야의 동아리에 가입하려고 애를 썼답니다. 1학기 초에 교내 상설 동아리들이 신입 부원을 모집하는데, 이 학교의 인기 동아리들은 따로 있었어요. 수시 학생부종합전형에서 우수한 실적을 내는 데 큰 역할을 하는 몇몇 동아리들이 있었는데, 학생들과 엄마들 사이에 벌써 입소문이 나서 이공계로 진학할 학생들은 '스팀'이란 동아리에 가입하려고 치열한 경쟁을 벌이더군요. 그리고 경제학과나 경영학과를 지망하는 학생들은 '경제경영

조합'이라는 동아리에 가입하려고 눈치 작전을 펼쳤다고 합니다. 저는 입학 상담 때 이 학교에서 경제경영조합이라는 동아리가 유명하다는 것을 듣고서 메모해 두었고, 아이에게 알려 줘서 이 동아리에 가입하도록 했습니다.

도대체 동아리활동이 뭐가 그리 중요하냐구요? 학력고사를 치른 우리 세대와는 달리, 우리 아이 때는 고등학교 내신과 학교 활동을 종합적으로 평가 받아서 대학을 가는 수시 학생부종합전형이 대부분을 차지했어요. 그리고 수시전형에서 주목 받는 학교 활동 중에서 학생의 특성을 가장 잘 어필할 수 있는 활동이 바로 동아리활동이랍니다. 제가 목동을 등지고 강북까지 이사 온 것도 인서울 대학들의 입시에서 수시 학생부종합전형의 엄청난 비중과 위력을 고려한 행보였어요. 우리 아이가 겪게 될 2019학년도 대입에서는 수시 학생부종합전형이 대세가 될 것이라는 사실을 오래전부터 알고 있었고, 이를 대비하기 위해 내신이 덜 치열하면서 학교 프로그램이 우수한 곳, 즉 수시전형에 유리한 고등학교로 아이를 옮겨 온 것입니다.

그러면 왜 그렇게 수시 학생부종합전형에 집착했느냐는 의문이 자동적으로 생기실 것입니다. 우리 아이가 대학을 가는 2019학년도 대입에서는 수시 학생부종합전형이 가장 확실하게 인(in)서울 대학을 가는 방법이었기 때문입니다. 사실 대입을 위해서는 정시전형도 있고, 또 수시전형 중에는 학생부종합전형 이외에도 교과전형이나 논술전형도 있습니다. 그런데 인(in)서울 대학에서는 수시전형 중학생부종합전형(이하 학종)이 가장 큰 비중을 차지하고 있다는 게 포인트였어요. 수시 학종이 가진 매력은 단순히 주요 대학에서 모집 인원의 비율이 크다는 점만은 아니었어요. 수능 성적으로 한번에 판가름 나는 아슬아슬한 정시에 비해 수시 학종은 1, 2, 3학년의 내신과 학교 활동을 종합적으로 평가하는 방식이므로, 아이가 한 학기 정도 시험을 망쳐도 커버할 수 있는 여지가 있습니다. 그리고 학교생활기록부에 활동들이 풍성하게 기재되도록 연구하고 열심히 활동하면 충분히 승산이 있기 때문에 가장 안정적으로 대학을 보낼 수 있는 대입 루트라고 판단했습니다. 이러한 학종의 매력과 그 위력을 미리부터 알고 있었기에, 그리고 상대적으로 내신 관리가 힘든 반면에 각종 대회나 활동 등에는 열심히 참여할 성향을 갖춘 우리 아이에게 학종이 딱 맞다는 확신이 있었기에, 저는 과감하게 탈목동을 감행할 수 있었던 것입니다.

그러면 동아리활동은 수시 학종이라는 대학 입시 전형에서 구체적으로 어떻게 평가 받을까요? 전공에 딱 맞춘 동아리활동은 대학에서 요구하는 전공적합성을 드러내 줄 수 있는 핵심 활동이므로, 대학 입장에서는 동아리활동에서 그 학생의 전공에 대한 적성과 전공 공부 능력 등을 평가할 수 있습니다. 또 부수적으로, 동아리활동을 통해 그 학생의 리더십, 협력, 배려 등의 인성적인 측면도 함께 평가할 수 있습니다.

이렇게나 중요한 동아리활동을 자녀들이 어떻게 선택하고

활동하며, 학교생활기록부에는 어떻게 기재되도록 하는 게 바람직할까요? 우선 아이의 진로 희망에 맞춰서 동아리활동을 선택하고 진행하게 하는 것이 가장 바람직하다고 봅니다. 수학교육과나 수학과를 지망하는 학생은 수학연구반에, 경영학과를 지망하는 학생은 경제나 경영 동아리에 가입하는 것이 유리하겠지요.

어머니들, 아직 자녀가 희망 학과를 정하지 못한 경우도 많죠? 그런 경우 이과 성향의 아이는 실험 탐구반 같은 동아리가 무난하고, 문과 성향의 아이는 시사토론반이나 독서토론반 등을 선택하는 것이 무난한 듯해요. 그리고 동아리활동 내용은 대학이 요구하는 전공적합성을 확보하는 핵심 활동이므로 해당 전공에 맞춘 활동들을 실제로 진행하고, 주요 활동 내용을 그때그때 요약해 두었다가 학교생활기록부에 기재될 수 있도록 하는 것이 중요합니다. 우리 아이는 경제경영 동아리에서 모의주식투자대회를 개최하기도 하고 경제캠프를 진행하기도 하는 등 굵직굵직한 활동들을 했고, 이러한 활동 내용들을 메모해 두었다가 학교생활기록부에 기재될 수 있도록 했답니다. 또한 이러한 동아리활동 내용 메모는 비단 학교생활기록부에 기재될 뿐 아니라, 고3 때 자소서를 쓸 경우에도 주요한 글감이 된다는 점도 참고하시기 바랍니다.

참고로 우리 아이 학교생활기록부에 기재된 동아리활동란의 기재 사항을 일부만 보여 드릴게요.

"경제-경영 캠프(2017. 8. 5)를 개최함. 오전에는 경영 분야에 관심이 있는 1학년 후배들에게 '마케팅 4p 전략과 사례'라는 제목으로 강연을 함. 오후에는 멘토링과 활동 프로그램인 '다 함께 경제 윷'을 진행함. 경제-경영 캠프의 예산을 짜고 캠프 진행에 필요한 물품을 구매하는 역할을 맡아서 성실히 활동함. 모의투자대회(2017. 11. 13)를 개최하여 인테리어 회사 두샘의 주가 등락을 정해 그에 맞는 신문 기사를 제작하는 역할을 맡음. 기존 대회에서 주식의 의결권을 살려 주주총회를 추가하자는 창의적인 제안을 했고 동아리 부원들로부터 좋은 아이디어라는 호평을 받고 채택 받음. 주식 거래 활동에도 적극적으로 참여하고 주주총회 공지 역할을 맡아 성공적인 프로그램 진행에 크게 기여함. 두샘의 주주총회에서 사장 역할을 맡아 주주들의 의견을 수렴하여 주가의 등락을 수정하는 등 주식 시장의 작동 원리와 실행 과정을 두루 체험함."(이하 후략)

위와 같이 동아리활동 내용이 상당히 구체적으로 기재되어 있어요. 구체적인 활동 내용 없이 그냥 '흥미를 가지고 성실히 활동함.' 혹은 '다양한 자료를 수집하고 분석하여 부원들과 공유함.' 또는 '조별 발표에서 자신의 의견을 설득력 있게 설명함.' 등과 같이 추상적이고 대략적인 표현만으로 기재되어 있다면 입학사정관에게 좋은 인상을 줄 수 없다고 들었어요. 가령 조별 발표라면 무슨 주제로 어떤 발표를 했는지 상세하게 기록되게 하는 것이 바람직하답니다. 학교생활기록부의 작성과 입력은 담당 선생님께서 해 주시는 것이지만, 학생이 그 선생님께 자기가 활동한 것을 정리하고 요약해서 보여 드리면 선생님께서 참고하신다고 합니다. 그러니 최대한 구체적인 멘트로 동아리활동란이 채워지도록 학생들 스스로가 노력해야 합니다. ●●●

여기서 잠깐! 평범엄마의 한마디

동아리활동

학생부종합전형에 대한 불신이 깊어지면서 최근(2019년 11월 28일) 교육부에서는 비교과영역을 대폭 축소하여 점차적으로 대입에 미반영하겠다는 의지를 보이며 '대입제도 공정성 방안'을 발표했어요. 이 방안에 따르면, 2022학년도와 2023학년도 대입을 치르는 학생들은 학교생활기록부에 자율동아리는 연간 1개, 30자까지만 기록할 수 있다고 합니다. 그리고 2024학년도에 대입을 치르는 학생들부터는 자율동아리를 대입에서 반영하지 않는다고 합니다. 그러나 여기서 주의하실 점은, 학교정규 교육 과정에 있는 동아리활동은 학교생활기록부에 연간 500자까지 기재 가능하다는 것입니다. 우리 아이 때처럼 한 학기에 여러 개의 동아리를 중복해서 활동할 수는 없지만 그래도 정규 동아리활동은 기재할 수 있으니, 동아리활동은 여전히 중요하다고 할 수 있지요. 대입 제도가 아무리 자주 바뀌어도 우리 엄마들은 이에 맞추어 자녀들을 준비시켜야 해요.

06

독서활동은 이렇게 했어요

••• 독서활동은 학교생활기록부에 기재되는 대표적인 활동으로 상당한 중요성을 가지고 있습니다. 수시 학생부종합전형에서 독서활동은 학생의 학업 역량을 평가하는 주요 지표로 활용되고 있고, 또 전공적합성을 엿볼 수 있는 활동으로도 주목 받고 있답니다. 독서활동은 학교생활기록부에 한 학기 단위로 기재되며 교과 연계 독서와 공통 독서로 나뉩니다. 교과 연계 독서는 주로 교과 수업과 관련하여 배운 내용을 심화해서 학습하고자 하는 독서입니다. 우리 아이의 경우 1학년 2학기에 중국어 교과를 공부하면서 중국어와 함께 중국 문화에도 관심을 가지게 되어, 「중국어와 중국문화(강창구 저)」라는 책을 읽고 독후감을 써서 중국어 선생님께 제출했어요. 그러자 중국어 선생님께서 아이 학교생활기록부의 1학년 2학기 독서활동 중 중국어 교과 칸에 이 책의 이름과 저자를 기재해 주셨답니다. 그리고 공통 독서는

교과와 직접적인 연관은 없으나 학생의 관심 분야에 대한 독서로, 책을 읽고 담임 선생님께 독후감을 제출하면 담임 선생님께서 책 제목과 저자를 공통 독서란에 기재해 주십니다.

특히 공통 독서는 학교생활기록부에서 우리 아이의 개성을 돋보이게 하는 데에 큰 역할을 담당했던 것 같아요. 우리 아이는 경영 전문가가 되고 싶은 꿈을 가지고 있어서 공통 독서활동으로 경영 관련 도서를 많이 읽었습니다. 1학년 때는 경영이나 경제의 기초에 해당하는 책들을 골라서 읽었고, 2학년과 3학년 때는 본격적으로 경영 서적을 읽었습니다. 희망하는 전공에 맞춰 독서활동을 함으로써 전공적합성을 증명해 보이고자 하는 것이 우리의 전략이었어요. 우리 아이가 이런 치밀한 계획을 스스로 세워서 독서한 것이냐구요? 사실 우리 아이는 무슨 책을 읽어야 할지 전혀 감을 못 잡고 있었어요. 공부도 하기 싫어서 겨우겨우 하는 아이에게 독서 목록까지 알아보라고 하는 것은, 걷지도 못하는 아이에게 뛰라고 요구하는 것과 다름없는 일이었지요. 바로 이때가 엄마의 정보력이 발휘되어야 하는 순간인 듯합니다. 저는 목동의 유명 입시 학원 설명회를 다년간 다니면서 경영학과를 지망하는 학생들의 주요 독서 목록을 확보하고 있었어요. 현대 경영학의 아버지라 불리는 피터 드러커의 「21세기 지식경영」과 「위대한 혁신」, 장영재의 「경영학 콘서트」, 그리고 클레이튼 크리스텐슨의 「혁신 기업의 딜레마」 등 경영 관련 책 목록을 꿰고 있었고, 아이에게 그 책들을 구해 주었습니다. 그리고 너무 유명한 책만 골라 읽은 듯한 인상을 주면 아이의 독서 활동이 너무 진부해 보일까 봐 우리 아이만의 개성을 보여 주는 독서 목록도 나름대로 연구해서 책을 구해다 주었어요.

어머니들, 독서활동이 중요하다고 해서 학생이 읽지도 않은 책을 학교생활기록부에 그냥 올리게 하는 경우가 많은데, 이는 주의가 필요합니다. 나중에 대입 면접을 보러 가면 독서활동란에 기재된 책에 대해 면접관의 집중적인 질문을 받을 수도 있기 때문입니다. 자녀가 꼭 읽은 책만 독서활동란에 기재될 수 있도록 하셔야 합니다.

•••

여기서 잠깐! 평범엄마의 한마디

향후 독서활동 기재의 변화

2019학년도 대입을 치른 제 아이는 1학년 때 학교생활기록부 독서활동란에 독서감상문을 요약해서 올릴 수 있었으나, 2학년부터는 학교생활기록부 간소화 방침으로 인해 도서명과 저자만 기재할 수 있었어요. 독서활동란에 이렇게 도서명과 저자만 기재하는 방식이 2023학년도 대입을 치르는 학생까지만 적용되고, 2024학년도부터는 대입에서 독서활동이 반영되지 않습니다. 독서는 교과에 대한 심화 학습이 될 수도 있고 관심 분야 탐구나 진로 탐색을 위해 꼭 필요하므로 너무 정책에 휘둘리지 마시고 자녀의 독서는 꾸준히 진행되도록 하시는 것이 좋겠습니다.

07

교내 대회 참가 및 수상 실적 쌓기

●●● 아이의 대입 준비를 위해 저는 일찌감치 수시 학종으로 루트를 잡아 놓고, 이에 맞추어서 아이가 다양한 교내 활동을 하도록 가이드 했어요. 교내 활동 중 교내 대회에 참가해서 수상 실적을 쌓는 것은 아이의 학업 역량이나 전공적합성과 밀접한 관련이 있는 핵심 파트였어요. 그래서 수상 실적 관리는 우리 아이가 특히 신경을 많이 쓴 분야입니다. 학년 초가 되면 학사력이라고 하는 학교의 연간 교육 계획표를 발표하지요. 각 학교들은 학사력을 홈페이지에 올려놓기도 하고, 신입생들에게 나눠 주는 학교 안내 책자에도 신는 경우가 많습니다. 저는 학년이 바뀔 때마다 학교 교육 활동 계획을 한눈에 확인하고자 이 학사력을 최대한 빨리 입수하려고 애썼어요. 중간고사와 기말고사는 언제 보는지, 탐구토론대회는 언제 하는지, 인문사회보고서 대회는 언제 개최되는지 등등 내신 기간과 대회 일정을 체크하기

위해서였습니다.

만일 탐구토론대회가 5월 중순에 있다면, 아이에게 미리 얘기해서 주제 정도는 생각해 놓도록 하고 팀 구성을 해 놓으라고 코치해 주었습니다. 내신 기간에는 시험 공부에만 신경 써야 했지만, 간혹 어떤 대회는 기말고사 치르기 2주 전 정도에 개최되는 경우도 있어서 이에 대한 일정을 조절하도록 준비시켜야 하는 경우도 있었습니다. 또한 아이가 내신 준비나 다른 활동으로 대회를 놓치거나, 혹은 대회가 있다는 사실을 잊어 버리는 경우도 있을 수 있으니, 대회 일정을 달력에다 메모해 두고 한 번씩 체크해 주었어요. 가끔씩 학교 홈페이지에 들어가서 공지 사항을 살펴보면, 학교 사정에 따라 당초 계획했던 대회 일정이 조금씩 달라지는 경우도 있어서 학교 공지 사항을 수시로 확인했어요. 요약하자면, 저는 교내 대회 일정을 파악해서 아이가 숙지하도록 하고 대회에 참가하는 일정을 미리 계획하도록 안내했어요. 엄마의 역할은 딱 여기까지입니다. 그 다음은 아이가 해야 할 몫입니다.

이 과정에서 학교알림장 아이엠스쿨의 도움을 정말 많이 받았답니다. 아이엠스쿨은 스마트폰 앱으로 아이가 다니던 학교의 급식 현황은 물론이고 주요 행사, 주요 학사일정 및 학교의 공지 사항 등을 다양하고 세세하게 확인할 수 있어서 아주 유용하게 사용하곤 했습니다. 간혹 아이가 학교 행사 및 주요 내용 등을 잊어 버리고 저에게 미처 전달하지 못하는 경우가 있었는데, 이때 스마트폰으로 아이엠스쿨

앱을 통해 편리하게 바로바로 확인할 수 있어서 좋았습니다. 최근에는 내일교육이나 조선에듀, 나침반36.5도 등에서 아이엠스쿨 앱에 교육 뉴스를 많이 올려서 유용한 교육 정보도 접할 수 있게 되어 더욱 좋아졌어요.

요즘은 각 고교에서 교내 수상 실적을 이용한 학생 성적 부풀리기가 심하다고 해서, 학교생활기록부에 교내 수상 실적을 한 학기당 하나씩만 기록하게 하고 있습니다. 그러니 우리 아이 때처럼 열리는 대회마다 참가하려고 애쓰지 말고, 아이의 진로에 따라 중요도가 높은 대회 위주로 참가하게 하는 것이 현명할 듯합니다. 우리 아이는 1학년 때 수학창의사고력대회, 영어듣기대회, 통일탐구토론대회, 인문사회보고서대회, 고전독서발표대회 등 크고 작은 대회에 참가해서 장려상, 동상 등의 수상 실적을 올렸습니다. 그리고 2학년부터는 좀더 전공적합성을 고려하여 인문사회보고서대회와 탐구토론대회 등에 참가하여 은상 정도의 수상 실적을 올렸습니다. 고2가 되니 대회도 아이가 선별적으로 취사선택해서 나갔고, 선택과 집중을 통해 보다 상위 레벨의 상을 받는 것에 중점을 두었어요.

상을 여러 분야에서 받을 만큼 우리 아이의 재능이 뛰어나냐구요? 솔직히 말씀드리면, 별로 그런 것 같지는 않습니다. 아이가 대회에서 상을 받은 것은 아이가 그쪽 분야에 특출한 재능이 있어서가 아니었어요. 학교에서 성실하게 참여한 학생에게 조그만 보상과 격려 차원에서 주는 장려상이나 동상 정도의 다소 아쉬운 상을 주로 받은 것에 불과합니다. 남자고등학교다 보니, 글쓰기나 토론 등을 똑부러지게 잘 하는 학생이 그다지 많지 않았고, 참가한 학생의 수준이 거의 대동소이했던 것 같아요. 대회에 참가하기가 부담되고, 참가하기 위해 보고서를 쓰거나 팀별로 모여서 팀협력 활동을 하는 게 번거롭고 시간적 소모도 크니까 대회에 참가 못한 학생들도 많았을 것입니다. 그러나 지금 당장은 시간을 많이 필요로 하고 번거롭게 하는 대회라 하더라도 나중에 학교생활기록부에 한 줄이라도 기록될 때, 그 보람과 가치가 분명히 있을 것입니다.

사실 우리 아이는 친구 좋아하고 게임 좋아하는 순진한 남고생이었어요. 학종이 뭔지, 수시가 뭔지, 어떻게 대학을 가야 하는지 아무 것도 모르고 있었습니다. 그냥 제가 가끔씩 들려 주는 대입 관련 이야기를 반은 귀담아 듣고 반은 흘려들은 정도였다고나 할까요. 야무지고 철저한 여고생에 비하면, 참으로 허술해 보이고 경쟁력이 떨어져 보였지요. 제 자식이라서 이렇게 박하게 평가하는 것이 아니라, 제가 중 · 고등학교에서 영어교사로 근무하면서 수천 명의 학생들을 지켜본 경험까지 동원하여 내리는 교사 겸 엄마의 냉철한 평가입니다. 그러면 저렇게 아무 생각 없이 우선 편한 대로, 마음이 당기는 대로 행동하고 공부는 마지 못해 조금씩만 하면서 지내는 우리 아이를 어떻게 준비시켜야 했을까요? 아이 상태가 그러면 그런 대로 저는 제가 알아봐야 할 것은 모두 알아보러 다녔고, 항상 제가 얻어 온 정보를 아이에게 간단히 브리핑해 주었습니다. 봉사활동이나 독서활동도 이렇게 하면 좋다더라, 저렇게 하면 효과적이라고 하더라 등의 정보를 주면서 나름대로 코치해 줄 수밖에 없었어요. 그리고 가장 중요한 수상 실적 부분도 언제 대회가 있고 언제쯤 준비를 시작해야 하는지 정도는 제가 코치해야 했어요.

어머니들, '아이가 스스로의 힘으로 뭔가를 하게 해야지 왜 엄마가 매사를 챙겨야 하느냐?'라는 의문이 생기시지요? 아이를 대학까지 보내는 과정에서 저는 늘 이 문제로 고민했었고, 이 문제로 남편과 자주 언쟁을 벌여야 했습니다. 아이 교육을 챙기려고 애쓰는 저를 보고 안타까워 하면서도 제 교육 방식에 이견을 보였던 남편은 자주 이런 반응을 보였습니다. "공부는 아이가 스스로 해야지 엄마가 나선다고 되는 게 아니야." 혹은 "우리 때는 대학도 다 우리가 알아서 갔는데…. 대학은 아이가 알아서 가도록 해야 해." 이러면서 저를 압박했지요. 아이가 스스로 알아서 하는 것, 참 좋죠. 이건 저뿐만 아니라 모든 엄마들의 로망일 것입니다. 저도 우리 아이가 길을 찾아가며 공부를 알아서 척척 했으면 정말 좋았을 거예요. 그리고 대학 진학도 자신이 이리 저리 인터넷을 뒤지며 알아보고, 거기에 맞춰서 계획성 있게 준비했다면 더할 나위 없이 편했을 것입니다. 그런데 아이를 키워 보셔서 잘 아시겠지만, 그렇게 스스로 알아서 하는 야무진 아이가 세상에 몇 명이나 될까요? 엄마는 신경도 안 썼는데 아이 스스로 공부해서 원하는 곳으로 간다면 우리 엄마들은 무슨 걱정이 있겠습니까?

아쉽게도 이런 이상적인 자녀는 극히 드물죠. 그리고 설령 이렇게 알아서 척척 해내는 자녀를 두었다고 해도, 요즘 같이 복잡한 입시 체계에서는 아무리 야무진 아이라 해도 제대로 된 입시 전략을 짜기 힘들 거예요. 현실은 아이가 내신 공부에, 대회 참가에, 봉사활동, 동아리활동, 진로활동, 독서활동 등도 해야 하니, 몸이 열 개라도 부족한 상황입니다. 거기다 정보 빠른 엄마들은 발 빠르게 이런 저런 유용한 정보를 얻어서 하나라도 더 아이를 챙기는데, 엄마가 아이 스스로 하도록 가만히 손 접고 기다리고만 있을 수는 없는 일입니다. 공부나 활동은 당연히 아이가 해야 할 몫이지만, 요즘 입시 구도에서는 일정 체크나 일정 관리 등에 대한 엄마의 코치가 반드시 필요하다고 봅니다.

저처럼 딜레마에 빠진 엄마분들, 할 수 있는 데까지 최대한 자녀를 밀어 주세요. 후회는 그러고 난 다음에 하셔도 될 듯합니다. 학교생활기록부는 한번 타이밍을 놓치면 다시는 수정할 수도 없고 보강할 수도 없는, 그야말로 학생의 역사 기록부입니다. 아이의 일에 하나 하나 간섭하면서 관리하는 것이 과연 옳을까 하고 고민하고 망설이는 순간에 학교생활기록부의 기재 타임은 지나 버리고 만답니다. 스스로 알아서 하는 아이로 기르고 싶었으나 현실적으로 힘든 점이 많다면 어쩌겠습니까? 우리 엄마들이 일정 관리라도 해 주고, 방법을 코치해 주고, 다른 유용한 정보를 수집해다가 알려 줄 수밖에 없잖아요. 제 결론은 이랬습니다. 후배 어머니들께서도 저와 같은 고민을 하고 계시나요? 제 결론이 꼭 옳다고 할 수는 없으나 참고는 하실 수 있다고 봅니다. 지금 교육 현실에서 스스로 하는 아이로 키우기 위해 가슴 졸이며 지켜보실 것인지, 어떻게든 도우려고 애를 쓰실 것인지는 어머니들의 결단과 선택에 달린 문제입니다. ●●●

여기서 잠깐! 평범엄마의 한마디

수상 실적 기재의 운명

학교생활기록부에 수상 실적을 기재하는 방식은 조금씩 바뀌어 왔어요. 2021학년도에 대입을 치르는 학생들까지는 모든 교내 수상 실적을 학교생활기록부에 기재할 수 있지만, 2022학년도와 2023학년도에 대입을 치를 학생들은 교내 수상 실적을 학기당 한 개씩만 기록할 수 있습니다. 그리고 2024학년도부터는 수상 실적 자체를 대입에서 반영하지 않습니다. 2024학년도 이후에 자녀를 대학에 보내게 될 어머니들께서는 항시 대입 제도 변화를 체크하시고 이에 대비하셔야 합니다.
더 자세한 사항이 궁금하시면 저의 네이버 블로그 '평범엄마의 우리아이 대학진학비법과 알짜교육정보'의 '성공하는 대학입시의 모든 것 – #54.엄마라면 꼭 알아야 할 대학진학비법! 학종의 종말시대에 무엇을 어떻게 준비해야 할까요'를 꼭 참고하세요.

08

진로활동을 통한 차별화

●●● 진로활동은 학생이 주도적으로 장래의 진로에 대해 탐색해 본다는 점에서 중요한 의미가 있는 활동입니다. 대학 입장에서는 진로활동을 통해 학생의 전공에 대한 관심도, 미래 희망 직업에 대한 탐색 의지 및 성장 가능성, 그리고 전공적합성을 평가할 수 있다고 해요. 진로활동은 각 고등학교가 전체적으로 일괄 실시하는 활동들이 많아서, 같은 학교 같은 학년 학생들의 학교생활기록부에 모두 똑같은 내용이 기재되는 경우도 많답니다. 그래서 우리 아이의 진로활동란을 다른 학생과 차이가 나도록 의미 있게 채우기 위해서는 조금 더 노력이 필요합니다. 바로 활동 직후에 각각의 진로활동마다 의미 있었던 점을 중심으로 소감문이나 보고서를 써서 담임 선생님께 제출하는 것입니다. 그리고 자신의 진로 희망이 무엇이며 이러한 진로 희망을 가지게 된 이유나 계기, 목표 달성을 위해서 노력한 과정 및 진로

활동으로부터 느낀 점 등이 잘 어울어져서 하나의 진로활동 스토리가 나오게 한다면, 아이의 개성이 제대로 드러나고 돋보이는 진로활동란을 만들 수 있게 된답니다.

아이 학교에서도 학교 교육 계획에 따라 학년 전체를 대상으로 실시하는 진로 탐색 활동들이 많았습니다. 명사 초청 강연을 듣게 하거나, 각종 직업에 종사하는 졸업생들을 초청해서 후배들과 질의응답 시간을 가지는 등의 활동들이 있었고, 또 대학 탐방이나 직업인 탐방을 하는 활동들도 했습니다. 우리 아이는 이런 진로활동을 내실 있게 한 후, 보고서나 소감문을 써서 담임 선생님께 제출했어요. 자신의 희망 진로와 희망 사유 및 목표 달성을 위한 노력이나 계획들을 중심으로 서술하고, 이번 활동을 요약하는 식으로 보고서를 써서 학교생활기록부에 그러한 진로 스토리가 기재될 수 있게 했습니다. 참고로 우리 아이의 학교생활기록부 진로활동란에 적힌 내용의 일부를 보여 드릴게요.

자신의 꿈과 목표에 관한 진로발표(2018. 06. 26)에서 경영학과를 희망 학과로, 경영컨설턴트와 사업가를 희망 직업으로 선택하여 발표함. 마케팅에 대해 관심을 갖고 동아리활동 등 다양한 활동을 해왔고 경영학과에서 마케팅에 대한 심도 있는 탐구와 공부를 하고 싶다는 포부를 밝힘. 사회에 긍정적인 영향을 줄 가능성은 많지만 여건이 어려운 중소기업들을 위해 그들의 목소리를 경청하고,

고민을 덜어 주는 '따뜻한 경영컨설턴트'가 되고자 함. 또한, 코즈마케팅과 같은 참신한 마케팅을 이용하여 공유가치를 창출하고 사회에 적극적으로 환원하는 기업을 운영하는 '따뜻한 사업가'의 꿈을 가짐. 기업이 솔선수범하여 사회에 기여하는 활동의 범위를 점차 늘림으로써 더불어 살아가는 공동체를 이루는 것을 가장 큰 목표라고 밝힘. (후략)

여기에 덧붙여 학생이 개인적으로 진로 탐색 활동을 하고 담임 선생님께 보고서를 제출하여 학교생활기록부에 기재되게 하는 방법도 있습니다. 이러한 개인적 진로 탐색 활동은 다른 학생들과의 차별화를 시도할 수 있다는 점이 포인트인 것 같아요. 그런데 학교마다 사정이 조금씩 다르고 이견이 있을 수 있어서, 일단 담임 선생님께 이러한 진로활동을 하고 보고서를 쓰려 하는데 학교생활기록부에 기재해 주실 수 있는지를 먼저 확인해 보는 절차가 필요합니다. 학생이 개인적으로 사설 단체에서 진로 관련 활동을 하고 학교생활기록부에 기재해 주십사 요청해도, 학교 입장에서는 타당성이 떨어진다고 판단해서 기재를 해 주지 않을 수도 있더라구요. 우리 아이는 개인적으로 자기가 희망하는 대학 희망 학과에 대해 조사해서 보고서를 쓴 후 담임 선생님께 제출해서, 이를 학교생활기록부 진로활동란에 기재되도록 했답니다. 우리 아이는 고3 1학기 때 수시 지원 대학을 결정하면서 자기가 지원하고자 하는 6개 대학의 경영학과에 대한 여러 가지 정보와 자료를 조사했어요. 예를 들어, 고려대 경영학과의 교육 비전이나 인재상, 개설 과목, 특색 있는 프로그램이나 학술동아리 및 학회 등을 조사하여 전공탐색보고서를 작성해서 선생님께 제출했습니다. 다음은 우리 아이가 대학 진학과 관련된 전공탐색 활동을 하고 보고서를 써서 제출한 내용과 관련된 진로활동란의 한 부분입니다.

대학 진학에 관심을 가지고 지원 희망 대학교별 경영학과 전공탐색보고서(2018. 07. 28)를 작성하여 해당 대학이나 모집단위에서 요구하는 인재상, 개설 과목, 각 대학별 특색 있는 프로그램과 동아리 등을 탐색함. 지원 대학교 및 입학처 홈페이지 그리고 경영학과나 경영학부 자체 홈페이지에 들어가서 그 대학이 추구하는 가치나 비전을 확인하고 경영학과의 학년별 교육 과정을 살펴보고 경영학의 세부 분야별 개설 과목들을 조사함. 대학별 특별 프로그램으로 국제교류, 인턴십 프로그램과 장학제도 등을 살펴보며 대학 진학을 위해 구체적으로 준비하는 활동을 함. (후략)

어머니들, 아이가 개인적으로 이러한 전공탐색보고서를 쓰고 학교생활기록부에 기록되게 한 일이 수시 학생부종합전형에서 얼마나 큰 효과를 발휘했는지 궁금하시죠? 솔직히 말씀드려서, 저도 그 구체적인 효과를 알 수 없어요. 하지만 우리 아이의 학교생활기록부를 평가하는 입학사정관들에게 최소한 '이 학생이 우리 대학교 우리 학과에 대해서 관심을 가지고 나름대로 조사를 하고 정보를 찾아보는 활동을 했구나!' 하는 인상을 주기에는 충분하다고 봅니다. 몇백 명 지원자들의 비슷비슷한 학교생활기록부를 검토할 입학사정관의 눈에 뭔가 하나라도 달라 보이는 학생이 있다면, 그 학생에게 더 관심이 가지 않을까요? 적어도 이 학생은 무턱대고 우리 대학 우리 학과를 지망하는 것이 아니라 충분히 알아보고 나서 지원했고, 또 우리 대학 우리 학과에 상당한 관심을 가지고 있는 학생이라는 인상을 주는 것은 사소하지만 큰 차이로 받아들여질 수도 있답니다. 학교에서 일괄적으로 실시한 활동만으로 진로활동란을 채우기에는 수시 학생부종합전형의 주요 평가 항목인 진로활동의 중요성이 너무나 큽니다. 학생 개인이 진로에 대해 더 알아보고 탐색했던 경험을 어떤 형태로든지 차별화시켜서 학생부에 기록되게 함으로써 우리 아이가 조금이라도 돋보이게 하는 노력이 꼭 필요하다고 봅니다.

여기서 잠깐! 평범엄마의 한마디

진로활동

같은 학교 전교생이 다 같이 하는 대학 탐방, 직업인 탐방, 명사 초청 강연 등도 좀 더 특색 있게 차별화시켜서 학교생활기록부에 기재되게 하는 것이 좋습니다. 그러려면 활동 후 보고서를 구체적이고 꼼꼼하게 성의 있게 작성해서 담임 선생님께 제출하고 학교생활기록부에 제대로 기재될 수 있도록 해야 합니다. 또한 직업인 인터뷰나 탐방은 학교생활기록부 진로활동에 기재할 수 있을 뿐만 아니라, 대입 자소서에 '고교생활에서 의미 있었던 활동들과 느낀 점'을 쓸 때에도 좋은 소재가 될 수 있습니다.

09

고1 첫 중간고사

••• 우리 아이는 고1이 되면서 스스로 게임도 끊고 공부에 집중하겠다는 약속을 했었습니다. 그런데 그런 약속도 잠시였어요. 아이는 새 환경에 대한 스트레스를 호소하더니 얼마 가지 못해 또 게임에 손을 댔고, 끊은 줄 알았던 PC방도 가끔씩 다녔습니다. 그동안 국어, 영어, 수학 선행 학습이 충분히 되어 있다고 보고 학원을 더이상 보내지 않고, 학교에서 야간자율학습을 하면서 스스로 공부하도록 할 계획이었어요. 그러나 수학을 2년이나 선행 했는데 막상 고1이 되니까 현 단계의 수학을 많이 잊어버렸다고 해서 하는 수 없이 이 동네의 수학 학원을 보냈습니다. 그리고 국어도 1주일에 한번 하는 이 동네의 소규모 그룹 수업에 넣었어요. 고등학생은 스스로 공부하는 시간을 많이 확보해야 한다는 생각에 최대한 동선을 줄여 이 동네에서 모든 학원을 해결하는 방향으로 진행해 나갔습니다. 영어는 제가 내신을

도와줄 수 있어서 별도로 학원에 보내지 않았어요. 이렇게 준비하면서 고1 첫 중간고사 기간을 보내게 됩니다.

그런데 수학 학원을 보냈더니 가끔씩 학원을 빠지면서 게으름을 피웠습니다. 국어 학원도 숙제를 다 못해서 못 간다, 다른 과목 공부가 너무 안 되어 있어서 바빠서 못 간다는 핑계를 대면서 절반 정도만 수업에 참여하는 것이었어요. 고등학생이 되면 학원 빠지는 일은 더이상 안 하기를 바랐는데 중3 때와 별로 달라진 것이 없었습니다. 고등학교도 고심 끝에 선택해서 보내고 아이에게 조금이라도 유리하라고 이사도 했는데 아이의 성의 없는 태도에 저는 너무 속이 상하더군요.

고등학교 첫 중간고사가 시시각각 다가오는데 아이의 태도는 별로 나아지지 않았고, 오히려 고등학교 생활이 고되고 스트레스도 많다며 불평만 늘어놓더군요. 시험 공부도 너무 하기 싫은데 어쩔 수 없어서 조금만 하는 정도였어요. 내일 모레에 시험 볼 과목인데 이제야 교과서를 보고 줄을 긋고 있는 한심한 모습을 보니까 참으로 참담한 심정이었어요. 고등학교 내신에서 완성도 있는 점수를 받으려면 적어도 5주 정도 집중적으로 그 과목을 공부해야 한다고 생각해요. 교과서와 참고서, 노트 필기와 프린트 등을 두세 번 꼼꼼히 공부한 후 기출문제를 풀어 보고 시험 전날 다시 전체적으로 복습하고 시험에 임해야 한다는 것이 저의 상식이었습니다. 그런데 정작 우리 아이는 저렇게 대책 없이 게으름을 피우고 있으니 애가 타서 그 모습을 보고 있기가 너무 힘들었습니다. 자식 공부시키기가 이렇게 힘든 일이라는 것을, 저는 우리 아이 고등학교 3년 내내 사무치게 느꼈습니다.

드디어 고1 첫 중간고사, 그날이 오고야 말았어요. 저는 아이가 시험을 잘 보기에는 공부량이 턱없이 부족함을 알고 있었지만, 그래도 약간의 요행이라도 바랐습니다. 그런데 노력하지 않는 자에게는 행운도 따라 주지 않더군요. 걱정했던 대로 아이는 중간고사를 잘 보지 못했어요. 첫 모의고사를 잘 봐서 아이를 정말 공부 잘하는 학생으로 보았던 담임 선생님이나 반 친구들 앞에서 우리 아이는 상당히 민망했다고 합니다. 친구들과 놀고는 싶고 공부는 하기 싫고. 그런데 막상 시험 점수가 너무 안 나오니까 자존심은 상했던 것이지요. 우리 아이는 놀 만큼 놀고 남는 시간에 공부를 하는 스타일로 서서히 이미지를 굳혀 가고 있는 듯했습니다. 한때 공부를 잘했던 아이라서 공부에 대한 욕심은 있는데, 자신의 몸과 마음은 공부를 거부하고 있었던 설명하기 힘든 상황이 계속 되었던 것입니다.

중간고사가 끝난 날, 우리 아이는 잔뜩 화가 난 표정으로 집에 일찍 왔더군요. 저는 시험을 너무 망쳐서 자괴감이 들어서 그런 표정으로 집에 온 줄 알았습니다. 그런데 나중에 알고 보니, 시험도 시험이지만 그것보다는 시험 끝난 날 같이 어울려 놀 줄 알았던 친구들이 자기만 빼놓고 놀러 간 것이 섭섭해서 그랬다는 것이었습니다. 그때는 학년 초기라 아직 친한 친구 그룹이 완전히 형성되지 않아서 그랬던 모양입니다. 이렇게 우리 아이는 고1이라고 하기엔 정신 연령도 조금 낮았고, 친구들이 자기에게 어떻게 하느냐에 따라서 기분이 좌우되는 참으로 예민한 아이였어요. 자기 주관이 뚜렷하고 목표를 위해 최선을 다해도 견디가 힘든 것이 고등학교 생활인데, 주변 친구들에게 휘둘리면서 공부는 너무 하기 싫어하는 우리 아이를 정말 어쩌면 좋을까요? 이런 우리 아이 앞에 놓여 있을 가시밭길들이 눈에 보이는 듯하여 엄마의 마음이 짠했습니다. 자식이 한심하고 이해가 안 되면서도, 한편으로는 그런 자식이 너무 딱해 보였던 것입니다.

아이는 첫 내신 시험뿐만 아니라, 그 다음 시험들에서도 계속 좋은 점수를 받지 못했습니다. 내신 기간마다 저는 공부를 덜 하고 노력을 아끼는 아들의 안타까운 모습을 지켜봐야 했습니다. 저의 어떠한 잔소리나 야단도 더이상 통하지도 먹히지도 않는 상황이 줄곧 이어졌지요. 공부를 너무 하기 싫어하는 우리 아들, 그런데 공부의 기본기는 충분히 갖춘 아이. 엄마로서 너무 답답하고 정말 속상해서 몸서리쳤던 그 순간 순간들이 지금도 너무 생생합니다. 우리 아이의 노력 없는 영리함은 속 빈 강정처럼 허탈하고, 오아시스 없는 사막처럼 허망했어요. 엄마의 노력과 열성으로는 도저히 해결이 안 되는 이러한 한계 상황에서 저는 하나님께 기댈 수밖에 없었습니다. 자식의 안타까운 모습들을 보면서 가슴이 무너질 때마다 온 마음을 다해서 하나님께 기도했어요. 그리고 자식을 위해 고군분투하는 딱한 제 모습을 오랫동안 지켜보시고는 저를 짠하게 여기셨는지, 결국엔 제 기도를 들어주셨습니다.

•••

10

고교 내신 잘 받기가 왜 이렇게 힘들까요?

••• 중학교 때 전교권의 성적을 거두던 학생들도 고등학교에 오면 과목별로 2등급 이상을 받기가 너무 어려운 것이 현실입니다. 후배 어머니들, 자녀가 고등학교에 올라가서 첫 내신 시험인 중간고사를 어떻게 치렀나요? 저처럼 속이 터지고 애가 탔던 분들도 많으셨을 겁니다. 우리 아이처럼 공부를 게을리해서 점수가 잘 안 나온 경우는 어쩔 수 없지만, 자녀가 매우 열심히 공부했는데도 내신이 너무 안 나오는 경우도 많이 있습니다. 왜 그럴까요?

중학교 공부와 고등학교 공부는 근본적으로 큰 차이가 있기 때문입니다. 제가 중학교와 고등학교 모두에서 교사 생활을 해 보았기 때문에 그 이유를 보다 정확하게 설명드릴 수 있을 것 같네요. 우선, 중학교 평가방식과 고등학교 평가방식이 크게 차이가 납니다. 중학교에서는 학생에게 점수를 주려고 시험 문제를 내지만, 고등학교에서는 학생에게 점수를 주지 않으려는 목적으로 시험 문제를 냅니다. 이게 무슨 괴변이냐고 생각되시죠? 중학교에서는 학생이 어느 정도 기본적인 것을 공부하면 맞힐 수 있는 문제들로 구성된 시험을 치르게 합니다. 그리고 평가방식이 학생들이 일정한 수준을 통과하도록 하는 절대평가에 기초를 두고 있어요. 중학교 학생들의 입장에서는 조금만 공부해도 시험에서 괜찮은 점수를 받을 수 있는, 비교적 쉬운 시험을 치르게 되는 것입니다. 그러나 고등학교는 사정이 완전히 다릅니다. 고등학교에서는 학생들의 학업 능력에 대해 변별력 있는 문제들로 구성된 시험을 치르게 해서, 학생들의 점수 차이를 내고자 하는 상대평가를 시행하고 있어요. 따라서 고등학생들의 입장에서는 아무리 공부를 열심히 해도 풀기 힘든 고난도의 문제들을 과목마다 몇 문제씩 상대해야 하므로, 상대적으로 고등학교 시험을 어려워 할 수밖에 없는 구조입니다.

게다가 중학교 기초 교과의 수준과는 달리 고등학교 과목들은 어느 하나 만만한 것이 없는 수준 높은 내용으로 구성되니까, 학생들이 느끼는 난이도 차이가 더욱 클 것입니다. 예를 들어 중학교에서 과학을 배웠다면, 고등학교에서는 화학1, 화학2, 지구과학1, 지구과학2, 물리1, 물리2, 생명과학1, 생명과학2 등으로 세분화되고 수준 높은 전문적 내용을 배웁니다. 공부해야 할 분량은 엄청나게 많고 수준은 비교할 수 없을 만큼 높은 과목들을 공부하게 되는 것이죠. 또 중학교에서는 단순히 사회 과목을 배웠지만, 고등학교에 오면 사회문화,

윤리와 사상, 생활과 윤리, 경제, 법과 정치, 세계사, 한국지리, 세계지리 등의 과목들을 깊이 있게 배우게 됩니다. 물론 고등학교의 국어, 영어, 수학도 중학교 수준과는 비교도 안 될 만큼 어렵답니다. 사정이 이러하니 고등학교에 올라온 자녀가 중학교에 비해서 성적이 떨어지는 경우가 그토록 많은 것입니다.

영어 과목을 예로 들면, 중3 영어 수준과 고1 영어 수준은 하늘과 땅 차이입니다. 문법도 어려워지지만 어휘 수준은 훨씬 더 어려워지고 암기해야 할 어휘 수가 급격히 증가하기 때문에, 암기해도 끝도 없이 나오는 수많은 단어들과 사투를 벌여야 합니다. 물론 각 고교의 상황에 따라 영어 내신 시험의 난이도는 천차만별이지만, 공통으로 보는 고1 9월 모의고사에 벌써 엄청난 수준의 고난도 영어 단어들이 등장합니다. 게다가 단어나 문법이 제대로 갖춰져 있지 않으면 영어 독해를 빠른 속도로 해내지 못하고, 결국 시간 내에 문제를 다 풀지도 못한 채 답지를 내야 하는 안타까운 일들이 자주 벌어지지요.

그러면 중학교와 고등학교의 공부가 양과 수준에 있어서 이토록 다른데, 어떻게 자녀를 준비시켜야 할까요? 우선 국어, 영어, 수학 같은 주요 과목은 6개월 정도씩은 선행 학습을 하고 고등학교에 오는 것이 바람직하다고 생각합니다. 그러나 무엇보다 더 중요한 것은 학생의 노력하는 태도입니다. 쉽게 점수를 주지 않으려고 만점 방지 문제들을 몇 개씩 내는 까다로운 시험에 대비하기 위해서 철저한 복습이 필요하고, 내신 시험 기간에는 집중적으로 전과목에 걸쳐 내용

정리를 두세 번씩 해야 합니다. 그리고 반드시 해당 학교의 기출문제를 과목별로 풀어 보며 자신의 실력을 점검해야 합니다. 또한 시험 전날 해당 과목 내용을 다시금 총정리해야 합니다. 그런데 현실은 각 과목마다 시험 범위가 너무나 넓어서 아이들이 내용을 한번이라도 제대로 꼼꼼히 공부하기조차 힘들다는 것입니다. 거기에다 각 과목별로 수행평가 과제도 제때에 제출해야 하고, 교내 대회에도 나가야 하니 시험 준비 시간이 절대적으로 부족하지요. 결국 내신은 노력과 집중력으로 커버할 수밖에 없다는 결론이 나옵니다. ●●●

여기서 잠깐! 평범엄마의 한마디

고등학교 내신

고등학교 공부의 양과 수준이 중학교와는 비교도 안 될 정도로 높은데다, 과목마다 변별력을 확보하기 위해 고난도 문항들을 출제하고 있습니다. 따라서 중학교 때 내신을 준비하던 정도의 학습량으로는 고등학교 내신을 잘 받을 수가 없습니다. 적어도 두세 배의 노력은 더 해야 고등학교 내신을 덜 섭섭하게 받을 수 있어요. 그러면 어떻게 고등학교 내신을 준비해야 할까요? 고등학교 공부는 시험 기간이 따로 없습니다. 평소에도 주요 과목 위주로 복습하다가 시험 6주 전부터는 보다 집중적으로 공부해야 좀 더 완성도 있는 등급을 받을 수 있어요.

11

담임 선생님의 전화

••• 우리 아이가 고1이던 해 6월 어느 날이었어요. 아이 담임 선생님으로부터 전화를 받게 됩니다. 아이가 선생님 허락도 없이 야간 자율학습에 빠졌다는 것을 알려 주시더군요. 그 순간 어찌나 민망하고 당혹스럽던지요. 저 역시 학교 교사일 때 간혹 학생 일로 학부모님께 전화를 건 적이 있었어요. 제 반 학생이 말썽을 많이 부리거나 뭔가 문제가 있을 때 부모님께 알리고 의논을 해야 했으니까요. 물론 그런 전화를 부모에게 드리는 선생님의 마음도 편치 않다는 것을 잘 알고 있었습니다. 하지만 그런 전화를 받는 부모의 입장이 되고 보니 당황스럽고 창피하기까지 했습니다. 또 순간 우리 아이가 너무 미웠습니다. 엄마에게 효도는커녕 이런 전화까지 받게 하고, 엄마를 이렇게 부끄럽게 만들다니…. 아이에게 무슨 일이 있었는지를 먼저 알아봐야 했었는데, 그 당시의 저는 제 체면이 깎인 것이 먼저더군요. 아이를

기르면서 이 정도 일은 누구나 한번쯤 경험할 수 있는 일인데 그 당시의 저는 얼굴을 붉힐 수밖에 없었어요. 저는 아이가 오면 무슨 일인지 물어보고 다시 전화 드리겠다고, 그리고 이런 일로 선생님을 힘드시게 해서 죄송하다는 말씀을 드리면서 담임 선생님과의 통화를 마무리했습니다.

그리고 한참 후, 아이가 아무 일도 없다는 듯이 집에 와서는 자기 방으로 휙 들어가 버렸습니다. 저는 아이에게 담임 선생님께서 야간자율학습을 빠졌다는 전화를 주셨는데 어떻게 된 일이냐고 물었어요. 아이 대답은 간단했어요. "그냥." 별다른 이유 없이 그냥이라네요. 참 쉽네요. 엄마는 그 전화를 받으면서 너무 창피하고 속상했는데 말입니다. 저는 아이에게 학교에서 담임 선생님께 불성실한 모습을 보이는 건 안 좋다, 선생님께 좋은 모습을 보여야 너에게 긍정적인 평가를 해 주시지 않겠느냐, 다음부터는 절대로 야간자율학습을 빠지지 말아라 등의 말을 했어요. 그러자 아이는 화를 벌컥 내면서 "야자 한두 번 빠진 게 뭐가 그리 대단한 일이라고 그래?"하고 소리치는 것이었어요. '참 뻔뻔하구나! 적반하장이 이럴 때 쓰라고 있는 말이구나!' 하는 생각이 들었습니다. 어안이 벙벙해서 그냥 맥없이 주저앉았어요. 그리고 앞으로가 더 걱정이라는 생각에 눈앞이 캄캄하더군요. 학교에서 하기로 한 야간자율학습도 몰래 빠지고, 엄마가 애써서 목동까지 태워 준 학원도 살짝살짝 빠지는 우리 아들…. 장차 어쩌려고 저러는지, 미래가 암울하게 느껴졌어요.

어머니들, 혹시 저처럼 담임 선생님으로부터 이와 유사한 일로 전화를 받아 보셨나요? 그렇다면 저의 민망했던 마음과 자식에 대한 섭섭함과 걱정 등을 이해하시겠죠? 시간이 한참 흐른 지금 생각해 보면 그렇게 큰일이 아닌 듯하지만, 그 당시 서툴고 초조했던 저에겐 너무 큰일이었고 정말 속상한 일이었어요. 그런데 이런 저런 크고 작은 일로 엄마 속을 썩이던 우리 아이가 3년이 흐른 지금, 어엿한 경희대학교 학생이 되어 있어요. 그 당시에는 아이 행동들이 너무나 한심하고 걱정스러워서, 저러다간 인서울 대학 근처에도 못 갈 것 같았던 아이였는데 말입니다. 그때 그 순간엔 아이가 참 한심해 보였고 미래가 암울해 보였지만, 몇 년 지나니 언제 그랬냐는 듯이 고민이 해결되더군요.

자식과 씨름하는 후배 어머니들, 지금 자식 때문에 하시는 마음고생이 영원히 계속되지는 않는다는 것을 꼭 기억하세요. 우리 아이의 사춘기가 고2 말까지 오래 계속되면서 영원히 끝날 것 같지 않았던 저의 마음고생이 어느 순간 조금씩 줄어들었고, 아이가 대학을 들어가서 열심히 대학 생활 하는 모습을 보니 제 마음이 많이 편안해지더군요. 지금 마음이 힘들다고 앞으로도 계속 힘들 거라는 법은 없습니다. 음지가 양지 되듯 언젠가는 상황이 좋아지니까 힘내세요.

어머니들, 제 글을 처음부터 읽으셨다면 제가 아이 하나를 얼마나 처절하게 키워 왔는지, 그리고 제 숱한 고민과 좌절감과 마음

고생을 속속들이 아실 것이라고 생각합니다. 그런데 무슨 요술이나 마법이라도 부린 것처럼, 학원 안 가고 야자 빠지고, 친구들이랑 PC방 가서 게임이나 하던 아이가 어떻게 대학을, 그것도 인(in)서울 대학을 간 것이냐? 이런 의문이 드시는 분들도 계실 것입니다. 이 질문에 대해 보다 더 솔직하게 대답해 드릴게요. 아이가 개과천선해서 갑자기 고2 말부터 마음을 확 잡아서 앞만 보고 공부만 해서 이렇게 된 것은 결코 아닙니다. 우리 아이는 그때나 지금이나 많이 다르지 않습니다. 공부를 덜 했을 뿐이지 아예 안 한 것은 아니었고, 학원을 가기 싫고 공부하기 싫어서 가끔씩 빠지긴 했지만 안 다닌 것은 아니었지요. 이게 무슨 말장난이냐구요?

엄마 눈에는 아이의 행동이나 학업 태도가 한없이 아쉽고 한심하게 보였으나, 아이 나름대로는 하기 싫지만 공부를 계속 놓지는 않고 있었던 것입니다. 그리고 나중에 아들에게 들은 얘기인데, 고3 졸업 후 남들은 대학을 가는데 자기는 갈 곳이 없을까 봐 나름대로 겁도 났었고 고민도 하고 있었다고 하더군요. 저에게 티를 내지 않았을 뿐이랍니다. 아이가 아무 생각 없이 지냈던 것은 아니고, 자신도 미래에 대해 걱정은 했던 것입니다. 그러면서도 공부는 너무 재미없고 친구와 어울리는 건 너무 신나고 그랬던 거예요. 제 마음에 쏙 들지는 않았지만 우리 아이는 공부를 놓지 않고 있었기에, 그래도 재수하지 않고 한번에 대학을 갈 수 있었던 것 같아요. 후배 어머니들, 제 경우만 그런 것이 아니랍니다. 제 주변에 아이와 치열하게 갈등했던 많은 부모들이 어느 순간 마음을 내려놓고 한결 평안해지는 것을 많이 보았습니다. 지금 하시는 마음고생이 영원히 계속되는 것이 아니라 끝이 있다고 생각하시면 조금이라도 위안이 되실 겁니다.

제5부

고2, 사춘기가 저물다

평범엄마의
자녀 교육

01

스마트폰 #2.
늦어서 미안해

••• 저는 스마트폰에 관해서라면 자식에게 가장 오래 저항했던 부모 중 한 명이었어요. 학생들의 스마트폰 중독의 심각성을 잘 알고 있었고 스마트폰 사용이 학업에 큰 지장을 준다고 생각하고 있었기 때문에, 아이에게 스마트폰을 사 주지 않으려고 고집스럽게 버텼습니다. 주변 다른 아이들은 중1이 되면서 다들 스마트폰을 가지고 다녔고 어디서든 스마트폰으로 음악을 듣고 영상을 보는데, 우리 아이는 보수적인 부모의 반대로 그러지를 못했어요. 그리고 중1 때에는 아이가 아직 스마트폰을 갖고 싶다는 욕심도, 스마트폰의 필요성도 별로 못 느끼는 것 같았어요. 학교에서는 전교권 성적을 내는 우수생이었고 학원에서는 꼬박꼬박 학원을 나오는 모범생이었던 시절이었죠. 그 시절 우리 아이는 집, 학교, 학원을 오가는 단순한 생활에 별로 불만이 없었고, 사춘기가 오기 전인 중2 1학기까지 스마트폰은 커녕, 2G

폰도 없이 생활을 했었습니다.

그러다가 사춘기가 오던 중2 여름에, 우리 아이는 친구들이랑 연락이라도 해야 되니까 2G폰이라도 좋으니 휴대폰을 사 달라고 했어요. 저도 그 정도는 충분히 들어줄 수 있었지요. 우리 아이는 그 때까지 휴대폰도 없어서 친구들과 집전화로 통화를 하거나, 급하면 제 폰으로 연락하는 등 불편한 점도 있었기 때문에 아이에게 그날 바로 2G폰을 사 줬습니다. 다른 아이들은 거의 대부분 스마트폰을 들고 다니는데 우리 아이에게 제가 너무 깐깐하게 굴었나 싶은 미안함도 있었어요. 아이에게 스마트폰을 허락해 주지 않으면서 엄마인 제가 스마트폰을 쓰는 것은 좀 너무하다 싶어서, 저 역시도 스마트폰을 사지 않고 2G폰을 오랫동안 사용했습니다. 제가 좀 불편하더라도 자식 교육을 위해 스마트폰을 아이 앞에서 쓰지 않기 위해서였지요. 그런데 2G폰을 사 준 지 얼마 안 된 어느 날이었어요. 아이가 저와 남편이 스마트폰에 대해 강경한 입장임을 잘 아니까 스마트폰이 너무 갖고 싶어도 내색을 못하고 있다가, 결국 자기 용돈으로 스마트폰 공기기를 사서 몰래 쓰고 있었습니다. 부모가 아무리 아이를 자제시키고 못하게 해도 결국 아이는 자기 뜻대로 하고야 말더군요. 스마트폰이 청소년에게 해롭다고 생각해서 최대한 늦게 허락해 주려고 버텼던 것이 참 허무하고 어리석은 일이었다는 것을 깨닫게 되는 순간이었어요.

그런데 미련한 저는 소용없음을 뻔히 알면서도 아이가 고2가 될 때까지 스마트폰을 공식적으로 허락해 줄 수 없었어요. 그러다고2가 된 해 5월에 저는 제 손으로 스마트폰을 사다가 아이 손에 쥐어 주게 됩니다. 더이상 스마트폰에 대해 버틸 힘도, 반대할 명분도 없어서였어요. 제가 스마트폰을 반대하고 금지시킬수록 아이는 그것을 더욱 간절히 원하고 점점 더 집착하더군요. 제가 반대하며 계속 2G폰만 쓰게 했지만, 우리 아이는 어떻게든 공기기를 구해서 스마트폰처럼 사용했어요. 그리고 아이가 고2쯤 되니까 완고했던 저도 슬슬 기운이 빠지기 시작하고 제 풀에 제가 지치게 되더군요. 제가 아무리 반대를 해도 소용없다는 걸 알고는, 그럴 바에야 차라리 스마트폰을 쿨하게 인정해 주자는 쪽으로 입장을 바꾸게 되었어요.

어머니들, 자녀에게 스마트폰을 언제부터 개통해 주셨나요? 버티고 버티다가 아이 고2 때부터 허용해 주었던 저는, 이제 저의 헛된 노력과 쓸데없는 고집에 심하게 후회를 하고 있습니다. 무슨 영화를 보겠다고 지난 세월 그토록 스마트폰 문제로 아이와 숨바꼭질을 했을까요? 결국은 이렇게 될 것을 괜히 아이와 실랑이 하고 갈등만 겪었던 것 같아 후회가 막심했어요. 자식을 어떻게든 잘 키워 보려고 했던 저의 의지였는데, 아무 소득도 없이 오히려 아이에게 불평과 불만만 쌓이게 만들고, 모자 사이만 멀어지게 하고선 끝내는 제가 항복하고 말았으니까요.

만일 제가 아이 중1 때 스마트폰을 개통해 주었으면 어땠을까요? 솔직히 아이가 중1, 중2 때 스마트폰에 푹 빠졌더라면 그 당시 우리 아이가 올렸던 전교권의 성적은 힘들었을지도 모른다는 생각이 듭니다. 그러나 남들 가지는 것을 우리 아이도 비슷한 시기에 가졌더라면 아이가 부모에게 불만이나 반감을 덜 가졌을지도 모릅니다. 그 또래 아이들에겐 휴대폰이 자신의 자존심인데, 제가 그런 점을 너무 간과했던 것 같아요. 남들은 거의 다 갖고 있는 폰을 몇 년이나 늦게 갖게 된 우리 아이는 억울했을 것이고, 친구들 앞에서 창피했을 것이고, 자존심이 몹시 상했을 것입니다. 언젠가 우리 아이가 친하게 지내는 사촌 형에게 엄마와 아빠에 대한 얘기를 하는 것을 우연히 들은 적이 있습니다. "형, 우리 엄마의 아들로 산다는 건 극한 직업이야.", "우리 엄마, 아빠의 무한 반복 잔소리는 정말 극혐이야."라는 얘기였어요. 아이가 부모에 대해 느끼는 갑갑함과 반감을 알 수 있었고, 자식에게 엄격했던 것이 너무 미안했어요. 그러나 그걸 알고서도 저는 강경한 태도를 접지 못했어요. 그때의 저는 어리석게도 직진밖엔 몰랐기 때문입니다.

그리고 여기서 한 가지 생각해 볼 것이 있습니다. 저처럼 아이의 스마트폰 사용을 반대하지 않고 그냥 남들 가질 때, 혹은 아이가 원할 때 스마트폰을 개통해 준 제 주변 엄마들의 자녀들은 어떻게 되었을까요? 물론 그중에는 밤늦도록 스마트폰을 손에서 놓질 못하고 학교 오면 졸려서 자고, 또다시 집에선 새벽까지 폰을 하면서 학업을 등한시하여 낭패를 본 아이들도 일부 있습니다. 하지만 중3 때까지 폰에 파묻혀 살다가 고1이 되면서 "엄마, 나 이제 공부할래. 2G폰으로 바꿔 줘." 하고 스스로 스마트폰을 내려놓고 공부에 집중한 아이들도 생각보다 많았습니다. 그리고 대부분의 아이들은 여전히 스마트폰으로 카톡하고 웹툰 보고 음악 들으면서 스마트폰과 공존하며 살아갔어요. 저도 스마트폰을 반대하지 않고 아이가 원할 때 허용해 줬으면 어떻게 되었을까요? 우리 아이도 어쩌면 어느 정도 놀다가 스스로 2G폰으로 바꿔 달라고 했을 수도 있을 것입니다. 혹은 대부분의 아이들처럼 스마트폰과 공존하며 그럭저럭 살았을 것입니다. 해롭다고 무조건 금지시킬 것이 아니라, 아이가 가지고 놀면서 시행착오도 겪어 보고 스스로 조절하고 통제하는 법을 터득하도록 했어야 한다는 것을 너무 늦게 깨달았어요.

그렇다면 고2 때 뒤늦게 아이에게 스마트폰을 개통시켜 준 후, 제가 우려했던 것처럼 아이가 스마트폰에 더 긴 시간을 빼앗겼냐구요? 그렇지도 않았어요. 그냥 늘 쓰던 만큼의 시간을 스마트폰과 함께 보내더군요. 스마트폰 공기기가 아니라, 이번엔 진짜 개통된 스마트폰을 가지고서 말입니다. 그리고 아이가 제 눈치 보지 않고 폰을 사용하니까 한결 편안해 하더군요. 저 역시도 이제 폰 때문에 아이를 야단치지 않으니 마음이 편해졌어요. 진작 내려놓을 걸 그랬다는 생각이 들었습니다. 자식 이기는 부모 없는데 제가 너무 오래 고집을 부렸던 거예요.

● ● ●

02

경쟁의 딜레마

••• 우리 사회를 흔히 경쟁이 너무 치열한 사회라고 말합니다. 외국에서 살아 본 사람들은 다른 나라는 우리나라만큼 이렇게 치열하게 살지 않는다고 말씀하시더군요. 사실 우리나라에서는 공부도 취업도 승진도 모든 것이 다 경쟁입니다. 우리 아이는 그중에서도 가장 치열한 경쟁을 해야 하는 대입을 앞둔 고등학생이었으니, 아이가 느끼는 중압감과 스트레스가 얼마나 심했을까요? 저 역시 대입을 겪었고 고등학교 시절 주변 친구들과 전교 등수를 놓고 엄청나게 경쟁을 했었던 것을 생생하게 기억합니다. 그리고 학교 교사가 되기 위해서 다시 어마어마한 경쟁률 속에서 필기 시험과 면접 등을 보았어요.

심성이 곱고 마음이 약한 우리 아이는 친구들과 해야 하는 이런 경쟁들을 너무나 힘들어 했습니다. 물론 공부 자체도 하기 싫지만, 자기가 열심히 공부하면 할수록 옆의 친구를 이기게 되고 그러면 친구가 불쌍하다는 생각을 하게 되는 것도 너무 싫다고 말하더군요. 그 친구도 정말 열심히 공부하는 착하고 성실한 친구인데 자기 때문에 저 친구가 내신 등급을 한 등급 낮게 받으면 친구에게 매우 미안한 일이라고 생각했던 것입니다. 우리 아이는 남자고등학교에 다녀서 고2가 되자 문과반이 겨우 세 반만 만들어졌고, 문과생이 100명 정도밖에 되지 않았습니다. 그런데 문과생끼리 내신 경쟁을 펼치니 각 과목별로 100명 중 단 4명만이 1등급을 받게 됩니다. 전체 인원의 4%가 1등급을 받고, 11% 안에 들어야 2등급을 받는 살벌한 상대평가 속에서 친구들과 경쟁을 해야 했어요. 고등학교 내신 성적을 받다 보면 안타까운 순간도 있고 아슬아슬한 순간도 참 많아요. 우리 아이가 문과 전체에서 영어를 12등 하는 바람에 아깝게 3등급으로 밀려나는 일이 있는가 하면, 수학을 11등 해서 아슬아슬하게 2등급이 되는 행운도 있었답니다. 자녀를 고등학교에 보내고 자녀의 내신 성적을 받아 본 분들은 모두 공감하실 거예요.

아이 고2 때 중간고사였던 것으로 기억됩니다. 시험을 다 치르고 한창 채점을 하는 타이밍이었는데 아이가 영어 시험지를 집에 두고 가는 바람에 제대로 영어 점수를 채점하지 못해서 저에게 물어보는 전화가 걸려 왔어요. "엄마, 영어 35번 문제 배점이 어떻게 돼? 3.2점이야? 3.3점이야?" 하고 다급히 물어보더군요. "잠깐만, 내가 확인해 볼게…. 3.3점이네." 그러자 아이의 탄식하는 소리가 들려왔어요. 그 틀린 문제의 배점이 3.2점이라면 영어 등수가 11등이 되어 2등급이 되는 것이고, 3.3점이라면 12등으로 밀려나서 3등급이 된다는 것이었어요. 내신 경쟁이 참으로 치열하지요?

학력고사를 치렀던 우리 세대들도 1점 차이로 대학을 붙고 떨어지는 살 떨리는 경쟁을 했었는데, 우리 아이들은 고1부터 매 학기마다 0.1점 차이로 내신 성적 등급이 갈리는 더욱 살벌한 경쟁 속에서 살아가고 있는 것입니다. 우리 아이는 친구들을 너무 좋아해서 친구들과 어울리면서 야자도 가끔씩 빠지고 PC방도 가면서 나름대로는 스트레스를 풀었던 것 같아요. 그런데 자기가 그렇게 좋아하는 친구를 내신 경쟁 속에서 이겨야 1~2등급을 받게 되죠. 그렇게 되면 상대적으로 누군가는 자신 때문에 근소한 차이로 그 아래 등급을 받아야 하니까 친구에게 미안한 생각을 가지고 있었던 거예요. 공부를 열심히 할수록 친구에게 미안해야 하고, 친구에게 미안하기 싫어서 공부를 안 하자니 자신이 원하는 대학에 갈 수 없는, 이러지도 저러지도 못하는 딜레마를 느끼게 된 것입니다. 친구 좋아하고 심성 고운 우리 아이가 느끼는 이러한 경쟁의 딜레마, 이것이 아이에게 큰 상처와 부담이 되고 있었어요. 그리고 아이가 느꼈던 이러한 딜레마가 공부에 대한 회의와 싫증으로 연결되더군요. 고1 첫 모의고사에서 전교 3등을 했던 아들이 고1 1학기와 2학기 내신은 3등급 혹은 4등급 정도의 실망스러운 성적을 받았습니다. 나보다 훨씬 절박해 보이고, 나보다 훨씬 열심히 하는 옆자리 친구를 이겨야 내가 좋은 내신 등급을 받는 구조에서 우리 아이는 공부에 대한 염증을 느꼈다고 하네요. 그렇지만 공부하던 가락이 있던 아이라서 아예 놀 수는 없고 그냥저냥 슬슬 공부하면서 1학년을 보냈던 것 같아요.

우리 아이가 느꼈던 경쟁의 딜레마가 어떠했는지는 고2 때 담임 선생님께서 아이의 학교생활기록부 행동특성 및 종합의견란에 써 주신 글을 보면서 더욱 선명하게 알 수 있었지요. 고2 때 행동특성 및 종합의견란을 인용하면 이러합니다.

'밝고 유머러스한 태도로 친구들과 어울리기를 좋아하며 원만한 교우관계를 유지함. (중략) 자신의 미래에 대해서, 그리고 자신이 꿈을 이루는 데에 있어서 자신이 꿈을 이루면 다른 학생은 피해를 볼 수 있으니 그것에 대해 어떻게 대처하면 좋을까를 고민하는 배려심과 성숙한 생각이 인상적임. (후략)'

사춘기를 지나면서 아이가 부모나 선생님들, 그리고 우리나라 사회에 대해 비판적이고 반항적인 입장을 취하는 것을 자주 보았어요. 우리 아이는 공부를 강요하는 집안 분위기, 공부 잘하는 아이를 우대하는 학교 분위기, 그리고 공부를 잘해야 성공하는 사회 분위기에 대해 상당히 비판적이었습니다. 한번은 아들이 저에게 무심하게 한마디를 던진 적이 있어요. "엄마, 우리나라 사회는 왜 이렇게 경쟁이 치열한 거야? 경쟁 좀 안 하면 안 돼?" 저는 이 질문에 대해 대단히 교과서 같은 대답을 했어요. "우리 사회에서 경쟁이 없다면 어떻게 될까? 그냥 타고난 신분대로 누구는 귀족으로 평생 살고 누구는 평민으로, 노예로 계속 살아야 하는 그런 사회가 선발도 경쟁도 없는 사회야.

모든 게 선천적으로 결정되고 분배되는 사회는 경쟁이나 선발이 필요 없잖아. 경쟁이 있다는 것은 능력으로 선발을 하는 사회 시스템이 존재한다는 것이고, 그만큼 더 평등한 사회라는 뜻이야. 경쟁이 치열하다는 것은 사회 구성원에게 스트레스를 주지만, 그만큼 신분 상승이나 역전의 기회도 있다는 뜻이니까 더 건강한 사회인 셈이지." 아들은 '역시 교사 출신 엄마의 입에서 나오는 소리는 교과서적인 고리타분한 말밖에 없구나.' 하는 표정을 짓더군요. 그러나 그 표정 뒤에 '그럴 듯한 말이긴 하네.' 하는 수긍의 눈빛도 볼 수 있었습니다. 아이는 저의 이런 대답에 반박하지 않고서 자기 방에 들어갔어요. 그리고 제가 즉흥적으로 생각해서 한 말이지만 조금의 효과가 있었는지, 그 후로는 이런 종류의 불평을 하지는 않더군요.

어머니들, 사춘기의 자녀들이 매사 비판적이고 반항적인 모습을 보일 때 심정이 어떠셨나요? 순종적이었던 자식의 돌변에 충격을 받으면서 우려와 걱정만 되셨죠? 그러나 이러한 자녀의 태도 변화를 아이 입장에서 보면, 자기 자아에 대해 눈을 뜨고 자기를 둘러싼 환경에 대해 자각하기 시작했다는 것을 의미합니다. 사춘기 이전에는 자신의 부모, 부모의 양육 태도, 학교 선생님들이 학생들을 대하는 태도 등을 그냥 당연하게 받아들여 왔는데, 자신의 생각과 주관이 생기니까 비판을 하고 회의도 갖게 되고 반항도 하는 것입니다.

그런데 그 당시 저는 이렇게 아이의 입장에서 생각해 주지 못하고, 마냥 제 생각에 빠져 당혹스러워 하고 실망하기 바빴어요. '우리 아이가 저럴 줄 몰랐어.' 혹은 '내가 자기를 어떻게 키웠는데….' 하고 한숨 쉬며 한탄만 했어요. 어떨 때는 '또 다음에는 무슨 일로 나를 속상하게 만들까?' 하고 걱정하며 아이가 집에 들어오는 소리만 들어도 덜컥 겁이 났습니다. 이제 와서 생각하니 그때 아이를 좀 더 이해해 줬으면 좋았을걸 하는 아쉬움이 많네요. 아이의 변화는 성장을 위해 필연적으로 겪어야 할 과정인데, 부모 입장에서는 자녀가 내가 알던 내 아이가 아닌 듯 낯설게 보이기만 합니다. 하지만 즉흥적으로 행동하고 뒷감당에 대한 생각이 없어 보이는 사춘기 자녀들도 사실은 고민과 스트레스가 많고, 세상에 대한 여러 가지 풀리지 않는 의심과 회의를 많이 가지고 있다는 것을 우리 부모들이 알아 주어야 합니다.

여기서 잠깐! 평범엄마의 한마디

경쟁 사회

우리 사회는 왜 이렇게 경쟁이 치열한 걸까요? 만일 사회에서 경쟁이 없다면 어떻게 될까요? 그냥 타고난 신분대로 누구는 귀족으로 평생 살고 누구는 노예로 살아야 한다면, 그런 사회는 선발도 경쟁도 없는 사회입니다. 경쟁이 있다는 것은 능력으로 선발을 하는 사회 시스템이 존재한다는 것이고 그만큼 더 평등한 사회라는 의미지요. 경쟁이 치열하다는 것은 사회 구성원에게 스트레스도 주지만, 그만큼 신분 상승이나 역전의 기회도 있다는 뜻입니다. 경쟁이 있기 때문에 더 건강한 사회임을, 경쟁에 염증을 느끼는 우리 아이들에게 알려 주시는 것이 어떨까요?

03

부모는 영원한 '을'

••• 우리 아이가 고2였던 어느 날 밤이었어요. 엄마에게 좀처럼 부탁을 하는 아이가 아닌데 그날 따라 웬일인지 어떤 책을 한 권 사 오라고 부탁하는 것이었어요. 어떤 과목 수행평가 과제로 그 책을 읽고 독후감을 써야 한다는 것입니다. 아이 학교는 수행평가의 비중이 워낙 커서 단 한 번이라도 수행 과제를 늦게 제출하거나 성의 없이 제출하면 내신 성적에 큰 타격을 입을 수 있었지요. 저는 서둘러서 인터넷으로 그 책을 구입했어요. 이 밤에 갑자기 큰 서점이 있는 시내로 나가기도 그렇고 해서 인터넷 서점에서 '지금 구매하면 내일 도착'이라는 문구를 보고 안심하고 주문했지요. 그런데 다음 날 아이가 학교 수업을 마친 시간에 다급한 목소리로 전화를 걸었어요. "그 책 집에 도착했어?" 하고 묻더라구요. 저는 별 생각 없이 "오늘 배송 예정인데 아직 안 왔어. 왜? 급하니?"라고 했어요. 알고 봤더니 바로 내일이

수행 과제 제출 날짜였던 거예요. "진작 급하다고 말하지. 그러면 엄마가 인터넷으로 주문하지 않고 오늘 시내 나가서 책을 바로 사 왔을 텐데." 참 대책 없는 아이죠? 내일 당장 제출해야 할 과제 책을 엊그제 밤에야 사 달라고 하다니요. 게다가 솔직하게 시간이 급하니 얼른 구해야 한다는 설명도 안 해 주고선 이제 와서 내일이 제출 기간이라고 말하는 아들이 어찌나 한심하고 답답하던지요. 저는 화가 있는 대로 났어요. "너는 매사가 이렇게 대책이 없냐? 미리미리 준비하면 얼마나 좋아. 내가 너 때문에 미친다 미쳐." 하고 성질을 부리며 쏘아붙였어요. 그래도 자식의 수행평가 걱정에 다시 전화를 해서 "할 수 없지. 그러면 내가 H문고에 그 책 찾아 놓으라고 전화해 놓을 테니까 네가 집에 오는 길에 신촌에 들러서 픽업해 와. 책값은 서점 직원에게 입금하면 될 거야." 하고 급한 대로 대안을 마련해서 말했어요. 그러자 아들은 "싫어, 귀찮아. 나 피곤해." 하고 전화를 뚝 끊어 버리네요. '나 참, 누가 급한데? 도리어 자기가 짜증을 내네.' 저는 아이가 이렇게 대책 없이 행동할 때마다 정말 당황스러웠고 속상해서 미칠 지경이었습니다.

우선 배송하기로 되어 있는 택배 회사에 전화를 걸어 우리 아파트 담당 택배 기사님 연락 번호를 알아내 기사님께 전화를 드렸어요. 사정을 설명하고 어디쯤 계시는지 물어보고는 제가 직접 택배 기사님 계신 위치로 찾아가겠다고 했지요. 그랬더니 기사님께서 오늘 택배 물량이 많아 책을 찾는 게 힘들고, 우리 아파트는 한밤중이 되어야 오실 수 있다고 하셨어요. 아이는 조금 있으면 집에 온다고 하고 책은 한밤중에 온다고 하고…. 성격 급한 저는 그대로 앉아 있을 수가 없어서 결국 버스를 타고 신촌으로 향했습니다. 신촌에 있는 그 서점에 도착하기 몇 정거장 전에 아까 통화했던 그 택배 기사님께서 연락을 주셨어요. 사정이 급해 보여서 우리 집에 택배를 먼저 가져다 놓으셨다는 거예요. 저는 바로 다시 내려서 역방향으로 가는 버스를 타고 집에 왔어요. 이게 무슨 멍멍이 훈련도 아니고 참…. 집에 와서 배달된 책을 들여놓으니 아이도 막 집에 도착했어요. 아이에게 있는 대로 화를 내고 싶었지만, 그랬다가는 또 삐쳐서 수행 과제를 안 하겠다고 버틸 것이 뻔해서 화를 꾹 참아야 했습니다. "책 왔으니 어서 읽고 독후감 써."라고 조용히 말하고는 제 방으로 들어가 버렸어요.

세상에 이런 관계는 부모 자식밖에는 없을 것입니다. 자식이 이렇게 부모를 신경 쓰게 하고, 부모는 속이 상하고 문드러져도 자식에게 제대로 항의도 못 하고 항상 져 줄 수밖에 없는 이런 관계 말입니다. 자식과의 관계에서 저는 언제나 '을'의 입장이었어요. 남편에게 오늘 있었던 일을 말하면 남편은 아마 노발대발했을 것입니다. 아마 "애가 수행평가 과제를 늦게 내든 말든 좀 내버려 둬. 뜨거운 맛을 봐야 정신을 차릴 거야. 당신이 그렇게 종종걸음 치면서 일일이 커버하고 다니니까 애가 자립심이란 게 없잖아. 그냥 점수 못 받으면 못 받는 대로 내버려 두란 말이야." 하고 화를 버럭 냈을 것입니다. 그리고 아들에겐 "미리미리 네 일은 네가 챙겨야지. 고2씩이나 되어서 엄마를 그렇게 고생시키냐? 엄마가 네 종이냐?" 하고 틀림없이 야단을 쳤을 거예요. 어떻게 그렇게 확신하냐구요? 지금까지 이와 유사한 사건이 너무 많이 있었고, 제가 화를 참지 못해 남편에게 말하면 남편의 반응은 늘 이러했거든요. 저는 혼자 속상하고 말지, 남편이 알게 되면 집안이 시끄러워지니까 알리지 않고 지나간 일들이 참으로 많았어요. 이해심 많고 인자했던 남편도 기대했던 아들이 사춘기를 오래 겪으면서 마음에 안 드는 행동들을 계속해서 보여 주자, 자신의 감정선이 무너졌는지 이제는 화를 내려고 준비하고 있는 사람처럼 예민해져 있더군요. 아내와 아들이 오랜 세월 아웅다웅하는 모습을 보게 되니 남편도 지칠 대로 지쳐 있었던 것입니다.

어머니들, 혹시 저처럼 자식에게 휘둘리고 영원한 '을'이 되어 살아가시는 분 계시나요? 저도 자식 앞에서 눈치나 보는 이런 제 자신이 너무 싫었어요. '네 일은 네가 알아서 해.' 하고 쿨하게 관심 딱 끊을 수 있으면 얼마나 좋을까요? 아이가 자기 행동의 결과를 겪어 보게 내버려 두지 못하고 조바심 내며 일일이 챙겨 주는 제 자신이 참으로 한심하게 느껴지고 자존심 상했습니다. 부모 눈에는 한없이 부족해 보이는 자식을 보며, '저래 가지고 대학을 제대로 갈 수 있을까?', '자기 밥벌이라도 제대로 할 수 있을까?' 하는 생각을 하며 속을 태웠어요. 저렇게 대책 없이, 아무 대비도 없이 내키는 대로 행동하는 우리 아이의 야무지지 못한 태도에 걱정이 앞섰답니다.

아이가 중2, 중3 때 대책 없는 행동들을 하면 아이의 장래가 걱정되었어요. 그런데 고1, 고2가 되어도 똑같이 행동하는 걸 보고 있자니, 이제는 아이의 미래 못지않게 부모인 저의 미래까지 우려스러웠어요. 그동안 야무지지 못하고 되는 대로 살아가는 아이를 어떻게든 성공시켜 보겠다고 아낌없이 교육에 투자해 왔는데, 이러다가는 자식에게 전 재산을 다 쓰고 초라한 노년을 보내게 될 지도 모른다는 제 자신의 노후 걱정까지 생기더군요. ●●●

여기서 잠깐! 평범엄마의 한마디

자식에게 '을'이었던 평범엄마의 변명

다른 시각으로 생각해 보면, 자식에게 쩔쩔매며 맞춰 주려고 애를 쓴 제가, 어쩌면 자식의 버릇을 망치거나 자식 스스로 문제를 해결하는 능력을 없앤 것이 아닐지도 모릅니다. 위기의 자식에게 어느 정도의 탈출구 또는 스트레스 해소처가 되어 준 것은 아닐까 하는 자기 위안과 변명을 해 봅니다. 공부도 하기 싫은데 아침 일찍부터 저녁까지 학교에 매어 있어야 하는 따분한 생활, 친구들과 살벌한 경쟁을 벌이면서 느끼는 피로감, 그리고 선생님이나 친구들 사이에서 받는 여러 종류의 스트레스. 마음 약한 우리 아이에게 제가 좀 져 주고 알면서도 좀 당해 주고 짜증도 좀 받아 주지 않았더라면, 우리 아이는 어디에서 이런 스트레스를 풀었을까요? 시험 기간에는 아이가 더 예민해지고 짜증 부리는 일이 많은데 그때마다 제가 아이의 '짜증받이'가 되어 줄 수밖에 없었어요. 그렇다고 밖에서 다른 친구나 선생님에게 짜증을 낼 수는 없잖아요. 차라리 집에서 가장 만만한, 그리고 짜증 내도 뒤탈 없는 엄마에게 짜증 내는 것이 제일 나은 선택이 아니었을까 생각합니다.

04

고2 반별 입시 설명회에서 희망을 보다

●●● 아이가 고1 때는 반 회장 선거에 나가서 회장도 부회장도 되지 못했으나, 고2 때는 학급 부회장으로 뽑혔습니다. 임원 활동이 학교생활기록부에 중요하게 기록되는 요소이므로 이번에도 반 회장 선거에 많은 학생들이 대거 후보로 나섰다고 합니다. 저는 우리 아이가 아무 생각 없는 아이인 줄 알았는데 이렇게 회장 선거에 나가서 부회장이 된 것이 참으로 신기하고 기특했어요. 그리고 학부모총회 때 우리 반 회장 어머니가 불참하셔서 부회장 엄마인 제가 우리 반 대표 엄마를 맡게 되었습니다.

저는 아이가 고2가 되던 해 3월에 학교에서 개최하는 학부모총회를 갔었습니다. 그때 진학 부장 선생님께서 학교의 최근 입시 결과를 소상히 알려 주셨는데, 좀 아쉬운 점이 있었어요. 2학년 전체를 상대로 한 설명회이다 보니, 이과반이 7개 반이고 문과반이 3개 반인 상황에서 여러 가지 대입 사례가 이과 위주인 경우가 많았습니다. 저는 설명회를 마치고 나서, 진학 부장 선생님께 문과만의 사례를 가지고 소규모라도 좋으니 문과 입시 설명회를 개최해 주시면 어떻겠냐는 제안을 드렸어요. 제가 학교 설명회 때마다 맨 앞자리에 앉아서 메모하고 설명회 마치면 포인트를 콕 집어서 질문을 하자, 학교 진학 담당 부장 선생님께서 제 얼굴을 알아보시더군요.

고등학교에서 반 대표 엄마가 된다는 것은 부담되는 점도 있지만, 자기 목소리를 어느 정도 학교에 전달할 수 있다는 장점도 있었습니다. 학년 대표 어머니 모임이 가끔씩 있었는데, 여기에서 학교에 뭔가 제안을 할 수도 있고 요구사항을 말씀드릴 수도 있더군요. 저는 학년 대표 모임에서 학교측에 다시 한번 더 문과만의 입시 설명회를 열어 달라는 제안을 했고 다른 반 대표 어머니들도 모두 찬성하셨어요. 저는 계열별 입시 설명회를 제안했는데, 놀랍게도 학교에서는 이보다 더욱 세밀한 반별 입시 설명회를 여름 방학 기간에 열어 주셨습니다. 고3도 아닌 고2를 위해서 진학 담당 선생님께서 시간을 내어 이렇게 반별 설명회를 열어 주시는 것은 참으로 이례적인 일이고, 학부모 입장에서는 너무 감사한 일이었어요. 학교생활기록부가 거의 완성되어 가는 고3을 상대로 설명회를 하는 것보다, 아직 기회가 있는 고2 학생과 학부모에게 제대로 가이드를 해 줘야 더 효과적이라는 학교의 자체 판단도 있었던 것 같습니다.

저는 단체톡으로 우리 반 어머니들께 우리 반만을 위한 작은 입시 설명회가 열리니 많은 참석 바란다는 글을 올렸습니다. 그리고 참석 명단을 미리 제출하면 진학 부장님께서 그 학생의 내신이나 학교생활기록부를 열람하고 개인적인 코멘트도 해 주시기로 했다는 정보도 알려 드렸습니다. 우리 반에서는 32명 중 10명의 학부모가 참석하셨고 진학 부장님의 입시 설명회를 듣고 학생 개인별로 약간의 코멘트나 총평도 받을 수 있었어요. 여기서 저는 희미하게나마 우리 아이의 대입에 대한 희망을 가질 수 있었습니다. 작년과 재작년의 문과 선배들의 실제 사례와 입시 결과를 구체적으로 살펴보면서 우리 아이에게도 가능성이 있겠다는 생각을 가지게 되었어요. 그리고 진학 부장님께서 우리 아이의 학교생활기록부와 내신에 대한 총평으로, '중-경-외-시'는 수시 학종으로 충분히 갈 수 있으니까 포기하지 말고 끝까지 해 보자는 말씀을 해 주셨습니다. 저는 사실 우리 아이 내신이 3등급, 4등급 정도를 왔다 갔다 하는 상황이라서 '건-동-홍'도 힘들겠다 생각하고 의기소침해 있었어요. 그런데 '중-경-외-시'도 가능하다는 말을 들으니 그 말만으로도 새로운 힘이 나더군요. 그리고 집에 와서 아이에게 동기 부여를 해 주기 위해서, "너 정도의 내신과 스펙으로 조금만 더 노력하면 '서-성-한'도 가능하다고 말씀하시더라." 하고 약간 과장해서 말해 주었습니다. 우리 아이는 자기는 이제 망했다 생각하고 수시는 포기하고, 정시로 대학을 갈 생각도 하고 있었는데, 그 말을 들으니 아직 늦지 않았다는 생각에 안도하는 눈치였어요. 그때부터 아이가 마음을 조금씩 잡는 것처럼 보였습니다.

반별 설명회 이후, 저도 새로운 희망을 가지게 되었고 다시 힘을 낼 수 있었습니다. 사실 그동안 아이가 열심히 하지 않으니까 저도 힘이 빠져서 예전보다 학원 설명회를 훨씬 덜 참석했었거든요. 아들이 저러고 있는데 제가 무슨 힘이 나서 학원 설명회를 챙겨 다니겠어요? 고2 여름을 지나고 있으니 대입이 이제 1년 앞으로 훅 다가왔다는 긴장감에, 그리고 조금만 더 노력하면 아이가 인(in)서울 중위권 대학은 갈 수 있다는 희망에, 저는 그때부터 다시 학원 설명회를 열심히 다니기 시작했습니다.

여기서 잠깐! 평범엄마의 한마디

고2 어머니께

자녀가 대입을 1년 앞둔 시점이 되면 자녀도 엄마도 앞이 안 보여서 막막하게 느낄 때가 많습니다. 이때 담임 선생님이나 진학 담당 선생님을 통해 학교에서 반별 입시 설명회를 열어 달라고 요청해 보세요. 학교 사정상 반별 설명회가 힘들면 문과별, 이과별 설명회라도 따로 개최해 달라고 제안해 보셨으면 합니다. 2022학년도 대입의 주인공이 될 학년들부터 문 · 이과가 통합되지만, 선택과목에서 과학을 선택하느냐 사회를 선택하느냐에 따라서 사실상 문과, 이과가 존재하는 것이나 다름없어요. 학교 사정으로 제안이 받아들여지지 않는다 하더라도, 밑져야 본전이니까 일단 제안해 보시는 게 좋겠습니다. 설명회에서 혹시 저희처럼 희망을 주는 코멘트를 듣는다면, 자녀가 한층 힘을 내서 입시를 준비할 거예요.

05

탐구 과목 선택은 이렇게 했어요

••• 고2 겨울에 접어들 때쯤, 우리 아이는 내년 수능에서 치를 탐구 과목 2개를 최종적으로 정하는 일을 고민하고 있었어요. 2019학년도 대입을 치렀던 제 아이 때 이과생들은 과학탐구 과목 2개를 선택하고, 문과생들은 사회탐구 과목 2개를 선택해서 수능을 보아야 했습니다. 고2 2학기 기말고사를 다 치르고 나면 수능이 320일 정도밖에 남지 않으므로 아무리 늦어도 이때 쯤에는 내년에 치를 수능의 선택과목을 확정 지어야 했지요. 저는 사회탐구 과목 선택을 위해 주변 베테랑 엄마들에게 많이 물어보고, 학원 설명회에서도 정보를 최대한 수집했어요. 그런데 가장 흔히 선택하는 조합이 사회문화 & 생활과 윤리더군요. 이 두 과목이 비교적 문과생들이 덜 어렵게 느끼면서 접근이 보다 쉽다고 생각하는 대표적인 과목입니다. 그리고 이 두 과목은 전국에 개설이 안 되어 있는 고등학

교가 없을 정도로 가장 흔한 사탐 과목입니다. 그런데 우리 아이는 1학년 때 학교 정규 과목으로 사회문화를 배웠는데, 중학교 때처럼 그냥 책 읽고 노트 필기 보고 공부하다가 문제집을 풀고 시험을 보니까 점수가 너무 안 나왔어요. 우리 아이는 특히 각종 통계치를 보여주는 표나 그래프를 분석해야 하는 문제를 어려워 하더군요. 그래서 아이는 사회문화가 너무 어려워서 선택하기 싫다고 했어요. 수능에서 가장 많은 문과생들이 선택하는 사회문화. 그러나 우리 아이는 자기에게 맞지 않는다며 일단 제외시키더군요.

그렇다면 사회문화 못지않게 가장 많은 선택을 받는 생활과 윤리를 선택하느냐 마느냐 하는 고민을 해야 했지요. 아이 학교에서는 생활과 윤리를 고3 때 배우도록 정해진 상태라서 생활과 윤리는 아이가 아직 배워 본 적 없는 과목이었어요. 그렇지만 비슷한 윤리 계통의 과목인 윤리와 사상을 고2 때 배운 상황이어서, 이것보다는 좀 더 쉬운 과목 정도로 생각하고 생활과 윤리를 선택했습니다. 우리 아이가 생활과 윤리를 선택하게 된 가장 큰 이유는, 내년 고3 때 이 과목을 정규 교과로 배우게 되고 그렇게 되면 내신을 위해서도 어차피 공부해야 하니까 이 과목을 선택하면 일석이조라는 생각 때문이었어요. 한번 공부하면 3학년 내신에도 유리하고 수능까지 쭉 연결해서 공부할 수 있으니 시간을 절약할 수 있는 묘책이었죠.

이제 사회탐구 과목 중 한 과목을 더 선택해야 했어요. 우리 아이는 학교에서 고3 때 정규 교과로 생활과 윤리 그리고 세계사를 배운다는 것을 미리 알고 있었습니다. 그런 이유로 일단 생활과 윤리를 선택한 상황이었는데, 세계사도 또 선택할까 말까 고민이었지요. 모의고사 점수는 잘 안 나오는데 내신에서는 유달리 강세를 보이는 내신형 학생들은 이럴 때 고민 없이 바로 세계사를 선택하더군요. 고3 때 그 과목을 내신으로 공부할 수 있으니 자기가 애써 지켜 온 내신을 전혀 훼손하지 않으면서 수능도 덤으로 준비할 수 있으니까 망설일 필요가 없었던 것입니다. 저 역시 아이에게 문과의 경우는 내신에서 국영수뿐 아니라 사회 과목도 무시할 수 없으니, 고3 1학기 때 마지막 내신을 위해 혼신의 힘을 다 발휘하려면 사회탐구 두 과목을 모두 고3 때 배우는 과목으로 정하면 어떻겠냐고 물어보았어요. 그러자 아들의 대답이 걸작이네요. "세계사는 범위가 너무 넓고 암기할 내용이 아주 많다며? 공부량이 많으면 힘들잖아." 역시 우리 아이는 귀찮은 것은 질색인 모양입니다. 듣고 보니, 일리가 있었어요. 저도 여러 학원 설명회에서 사탐 과목 선택의 유불리에 대해서 강의를 들어 본 적이 있었습니다. 세계사는 공부할 것이 너무 많아서 성실한 학생이 아니면 선택하기 힘들다는 얘기를 들었어서 마음속으로 이미 세계사는 선택하기 좀 힘들겠다는 생각을 하고 있었어요.

결국 우리 아이는 사회탐구 과목으로 생활과 윤리에 이어 경제를 선택하게 됩니다. 왜 하필이면 경제냐구요? 사실 경제 과목을 수능 선택 과목으로 정하는 학생 수가 전국에서 만 명도 채 되지 않더군요. 우리 아이가 사회탐구 선택 과목을 고민하던 시기 바로 직전 수능에서 겨우 9천 명 정도의 수험생만이 경제를 선택했어요. 그리고 학원 설명회마다 연사들이 경제는 절대로 선택하면 안 된다는 식으로 말씀하시더군요. 왜냐하면 너무 극소수의 학생들만 선택하는 과목이어서 1등급을 받기가 정말 힘들다는 이유 때문이었죠. 그리고 보다 깊게 분석하면, 경제를 수능 사탐과목으로 선택하는 학생들의 수준이 장난이 아니게 높다는 것이 더 큰 문제였어요. 주로 경제학과나 경영학과를 지원하는 문과의 수재들이 많이 선택하는 과목이 경제였던 것입니다. 또한 보통 일반고에서는 경제 과목이 개설되어 있는 학교가 별로 없었어요. 주로 지역 단위 자사고나 전국 단위 자사고, 외고 등의 학교에서 정규 교과로 개설하고 있으니, 그 경제 과목을 선택하는 학생의 수준은 당연히 높을 수밖에 없었습니다. 그래서 학원 설명회마다 경제를 선택하는 것은 너무 무모하고 불리하다고 입을 모아서 반대하는 분위기였어요. 그런데 우리 아이는 굳이 기피 대상 1호였던 경제를 선택하겠다고 하네요.

그래서 저는 경제 과목을 놓고 다시 고민에 빠졌지요. 정말 경제를 선택하도록 내버려 둬도 될까 하고요. 저는 경제를 선택했을 때 불리한 점을 학원 설명회에서 들어서 알고 있었어요. 시각을 달리하여, 이번에는 경제를 선택했을 때 유리한 점은 무엇인지 찾아보았죠. 경제 과목을 강의하는 유명 강사의 강의 설명 동영상을 보다가 저는 그 해답을 찾았습니다. 경제는 세계사나 한국지리 같은 과목에 비해 공부할 내용이 절대적으로 적다는 장점이 있더군요. 우리 아이처럼 공부량 많은 과목을 힘들어 하는 다소 게으른 아이에겐 딱이라는 생각이 들었지요. 그리고 우리 아이는 경영학과 쪽으로 진로를 정하고 있었기 때문에 경제 신문을 스크랩하고 있었고, 경제 경영 동아리에서 2년간 활동을 해 오고 있던 상황이라 경제 과목을 상대적으로 힘들어 하지 않았습니다. 아이의 적성을 고려할 때 경제 과목이 맞아 보였어요. 경제를 선택하는 학생 수가 극히 적어서 위험도가 크고 불리하다 하더라도, 아이가 그 과목이 자신에게 맞다고 생각하면 어쩔 수 없는 일이었어요. 여태껏 고등학교 선택부터 여러 가지 학원 선택에 이르기까지 중요한 선택의 순간에는 항상 제가 먼저 주도를 해 왔습니다. 하지만 수능에서 응시할 과목 선택은 아이의 적성이나 성향에 맞춰야 했기 때문에 아이의 결정을 최대한 존중해서 그대로 진행하도록 했어요. 이러한 과정을 거쳐 우리 아이는 수능 탐구 과목으로 생활과 윤리, 그리고 경제를 선택하게 되었습니다.

어머니들, 자녀가 고등학교 2학년이라면, 그리고 특히 고2 겨울 방학이 시작되기 직전이라면 이제는 사회탐구 과목이든, 과학탐구 과목이든 자기 계열에 맞춰서 수능 선택 과목을 정해야 합니다. 주변 어머니들은 그냥 남들이 가장 많이 하는 과목들을 선택하는 게 안전하다고 생각해서 문과는 사회문화 & 생활과 윤리, 이과는 생명과학1 & 화학1 등을 무비판적으로 선택하도록 하는 경우가 많더군요. 그런데 과목 선택에서 가장 중요한 것은 바로 자녀의 성향과 적성임을 반드시 기억해야 해요. 학원 설명회 연사들의 주장만 맹신하면 큰 낭패를 당할 수도 있답니다.

제 아이가 선택한 탐구 과목의 수능 결과가 어떻게 되었을까 궁금하시죠? 정말이지 예상을 완전히 뒤집는 결과가 나왔습니다. 거의 모든 입시 전문가가 경제 과목 선택은 절대 금물이라고 했었는데, 우리 아이는 경제에서 한 문제를 틀려서 48점으로 1등급을 받았습니다. 그리고 상대적으로 많은 수험생이 선택하는 생활과 윤리에서는 3등급을 받았어요. 왜 3등급을 받았냐구요? 생활과 윤리는 만점인 50점을 받아야 1등급, 한 문제 틀리면 2등급, 두 문제 틀리면 3등급이 되더군요. 과목별 유불리는 결국 개인마다 다른 것이지, 절대적으로 어떤 과목은 유리하고 어떤 과목은 불리한 것이 아님을 깨달을 수 있는 대목입니다.

여기서 잠깐! 평범엄마의 한마디

탐구 과목 선택

제 아이 때와는 달리, 2022학년도 대입 수능부터는 사회탐구와 과학탐구 중에서 과목 구분 없이 두 과목을 탐구 과목으로 선택해서 응시할 수 있습니다. 그런데 대학에 따라 지원자들에게 수능 탐구 과목으로 과학탐구 과목을 지정하는 경우도 있으니 자세한 사항은 관심 대학의 입학처 홈페이지 등에서 확인하셔야 합니다. 수능 탐구 과목을 선택할 때, 학원 설명회 연사들의 주장을 너무 맹신하지 마시고 자녀와 충분히 상의하세요. 결국 우리 아이들의 성향과 적성을 제일 먼저 고려해서 과목을 선택하는 지혜가 꼭 필요합니다.

06

모의고사 대 내신

••• 우리 아이는 고2가 되어 문과를 선택하게 되자 고1 때에 비해서 내신 성적이 한 등급 정도 올랐어요. 이는 아이가 마음을 잡아서 공부에 집중한 결과가 아니라, 남고여서 우수생들이 대거 이과반으로 가고 문과에는 상대적으로 덜 왔기 때문이었어요. 1학년 때 3~4등급을 주로 받았다면 2학년 때는 2~3등급 정도를 내신 성적으로 받아왔습니다. 이 정도면 괜찮지 않냐고 생각하실 수도 있어요. 이 내신 성적이 아이가 최선을 다해서 받은 결과라면, 저도 수긍하고 이 정도에 만족했을 것입니다. 그런데 아이가 고2 때도 계속 짬짬이 학원을 빠지고 PC방을 드나들면서 얻은 내신이다 보니 아쉬움이 컸어요. 다른 때는 몰라도 적어도 시험 기간만이라도 게임을 안 하면 얼마나 좋았을까요? 아이는 오늘이 시험 2일차이고 내일도 시험이 있는데도 시험 보느라 오전에 일찍 학교를 마치면 PC방에 들러서 한 게임이라도

꼭 하다가 집에 오곤 했어요. 얼마나 애가 타던지요. 내일 시험 보는 과목이 제대로 공부가 안 되어 있으니 오늘 시험 끝나자마자 바로 집에 와서 공부를 해도 시간이 모자랄 판에, PC방 들렀다 오느라고 늘 오후 3시가 넘어서야 집에 왔어요.

오늘 시험을 잘 봤으면 기분이 좋아서 한두 게임을 하다가 서너 시가 되어서야 집에 왔고, 시험을 못 봤으면 속상해서 두세 게임을 하다가 저녁이 다 되어서야 집에 왔습니다. 내일 또 시험 봐야 할 과목이 있는데도 말입니다. 이러한 아들의 행동이 제 상식으로는 도저히 이해가 안 되었어요. 시험 기간에 시험 보는 당사자인 아이들만 힘든 건 아니잖아요. 우리 엄마들도 같이 고생하잖아요. 아이가 공부를 하느라 날밤을 새는 날이면 안쓰러워서 잠을 설치고, 아이를 조금이라도 쉬게 하려고 학교까지 태워다 주는 등 엄마들도 평소보다 두세 배 애를 쓰잖아요. 그런데 저는 아이의 이런 이해할 수 없는 행동들 때문에 더욱 힘들었습니다. 시험 기간만이라도 게임을 안 하면 시간이 얼마나 절약되었을까요? 그랬더라면 아쉽게 한두 문제로 등급이 갈리는 시험에서 좀 더 나은 내신 성적을 받을 수 있지 않았을까요? 저는 시험 기간마다 이런 생각을 하니까 안타깝고 조바심 나서 정말이지 미칠 지경이었어요.

그런데 더욱 이해가 안 되는 것은 게임 하다 집에 뒤늦게 와서는, 내일 시험 볼 과목이 공부가 덜 되어 있어서 아이가 쩔쩔매는 모습을 매번 보인다는 사실입니다. 시간이 부족해서 마지막 순간까지 쩔쩔맬 거면서 왜 진작 미리미리 준비를 하지 않았던 것일까요? 설령 내일 시험 볼 과목에 대해 공부를 많이 하지 않았다 하더라도 학교 마치고 바로 와서 열심히 공부한다면, 적어도 저렇게 심하게 바쁘지는 않았을 것입니다. 저에게 아들의 이러한 행동은 정말 대책 없고 뒷감당 없는 행동으로만 보였고, 참으로 아쉬운 부분이었어요.

그러면 모의고사 성적은 어땠을까요? 이 대목이 또 아이러니합니다. 모의고사는 문과 전체에서 늘 최상위권이었어요. 이게 무슨 말인가 싶은 생각이 드시죠? 과목에 따라 내신을 2, 3, 4등급을 받는 아이가 어떻게 모의고사에서는 모두 1등급을 받거나, 한 과목 정도만 2등급을 받고 나머지 과목은 1등급을 받을 수 있을까요? 저도 믿기 힘들지만, 사실이었어요. 우리 아이가 이렇게 황당한 케이스의 학생이었던 것입니다. 일명 노력하지 않는 수재 스타일이라고나 할까요? '뭐야? 결국 자기 자식 자랑을 하고 있는 거야?' 하고 생각하실 수도 있지만, 저는 이 대목에서 또한 깊은 한숨이 나오고 너무나도 아쉽다고 느꼈어요. 이 정도의 실력을 가진 아들이 왜 정해진 범위의 내신 시험을 그렇게밖에 못 볼까요? 차라리 모의고사 성적도 내신과 비슷하게 나오면 저는 그러려니 했을 것입니다. 그런데 모의고사에서는 늘 1등급을 받던 수학 과목을 내신에서는 2등급이나 3등급을 받았으며, 심할 때는 4등급까지 받은 적도 있으니 이게 어찌 된 일인지요. 아들이 다닌 학교에 그만큼 우수생이 많이 몰려 있어서 그렇게 되었냐구요? 솔직히 말하자면, 우리 아이가 다닌 고등학교는 강북 자사고여서 다른 일반고보다는 우수생의 비율이 높고 학생들의 실력도 좋은 편인 것은 확실했어요. 하지만 강남권이나 목동권 자사고에 비하면 우수생의 층이 그다지 두텁지는 않았어요. 우리 아이의 모의고사 성적은 아이 학교에서는 최상위권에 속했지만, 목동권에서는 상위권에 겨우 들 수 있는 정도의 성적이었습니다.

어머니들, 혹시 자녀 중에 우리 아이처럼 모의고사 성적은 괜찮은데 내신 성적이 잘 안 나오는 아이들이 있나요? 저처럼 도대체 어떻게 이런 일이 있을 수 있는지 의아해 하시는 분들이 분명히 계실 거예요. 보통은 모의고사 성적이 좋은 학생들이 내신 성적도 좋은 것이 일반적인 모습인데, 왜 이런 불균형 현상이 생길까요? 저는 그것이 아이의 성실성과 가장 깊은 관계가 있다고 생각합니다. 내신은 정해진 범위에서 반복하여 집중적으로 공부를 하는 스타일의 학생에게 절대적으로 유리한 시험이기 때문에, 내신을 잘 받기 위해서는 아이 학업 능력도 중요하지만 성실성이 더욱 중요합니다. 이에 비해 모의고사는 전범위에서 출제되므로 준비하고 싶어도 범위가 너무 넓어서 준비하기 힘든, 학생의 성실성으로는 커버가 되지 않는 시험이며, 그야말로 학생 고유의 학습 능력에 의해서 좌우될 수밖에 없는 시험입니다. 결국 내신과 모의고사가 불균형을 보이는 가장 큰 원인은 학생의 성실도이지만, 두 시험의 특성이 다른 것 또한 무시할 수 없는 이유입니다.

그렇다면 그렇게 모의고사 성적이 잘 나왔으면, '수시 학종을 노릴 것이 아니라, 정시를 준비하지 그랬냐?'라는 의문이 저절로 생기시죠? 저 역시 정시에 포커스를 맞추고 내신을 버리는 것이 어떨까 하고 생각해 본 적이 있었습니다. 그런데 우리 아이의 모의고사 성적이 내신보다 훨씬 좋게 나오는 것은 사실이지만, 문제는 모의고사 성적 역시 쭉 고르게 나오는 것이 아니라 난이도나, 그날 컨디션에 따라 점수 등락 폭이 꽤 크다는 것이었어요. 거기다 수능 성적이 어떻게 나올지는 정말이지 아무도 모를 일이었어요. 계속 모의고사에서 1등급을 받았던 학생들도 실제 수능에서는 긴장한 탓인지 주요 과목에서 3등급을 받아, 그 해 정시에 응시해 볼 엄두도 내지 못하고 바로 재수의 길로 접어드는 경우가 허다했습니다. 그러면 재수를 하면 점수를 많이 올릴 수 있느냐구요? 다들 아시겠지만, 재수하게 되면 주변에 유혹이 많잖아요. 몸은 어른인데 학원에 매여 있어야 하고, 학원 밖을 나가면 PC방에, 술집에 유혹이 너무 많으니 자기 조절력이 떨어지는 학생들은 재수를 하지 않는 편이 차라리 낫다는 소리를 수도 없이 많이 들었습니다. 그리고 정말 자기 통제를 잘해서 지난해보다 시험을 잘봤다고 해도 삼수를 하게 될까 두려워서 결국 하향 지원을 하고, 그렇게 되면 원하는 대학에 못 가고 조금은 아쉽게 대학을 가게 되는 경우도 많더군요. 그리고 가장 짠하고 안된 케이스는 재수를 하면서 딴짓 한 번 안 하고 공부만 했는데 수능 날 또다시 수능을 망치는 경우에요.

한마디로 수능 점수에 모든 것을 거는 정시는 살얼음판을 걷는 것이나 다름없습니다. 저는 교직에 있을 때 제자들의 경우, 전교 1등을 도맡아 했으나 수능을 못 봐서 재수까지 했던 조카 아이의 경우, 그리고 주변 지인들 자녀의 경우를 보면서 이를 아주 뼈저리게 느끼고 있었어요.

제가 처음부터 정시를 생각했으면, 목동을 나올 필요가 없었습니다. 목동의 잘 갖춰진 학원가를 근거리에서 이용할 수 있었는데 굳이 강북까지 이사를 가는 건 정말 말이 안 되는 일이니까요. 저는 아이 중3 때 이미 정시의 취약성을 너무나 잘 알고 있었고, 수시 학종이나 교과 전형이 가장 나은 대안인 것을 캐치하고 있었기 때문에 탈목동을 감행할 수 있었던 것입니다. 그래도 수시는 평소에 조금씩이라도 준비할 수 있고 활동 실적을 쌓아갈 수 있으니까요. 비록 아이가 강북으로 이사를 와서도 마음을 못 잡고 내신 성적 관리가 잘 되지 않아 수시도 쉽지 않게 되었지만, 그래도 저는 정시보다는 수시에 아직 더 나은 기회가 있을 것이라 생각했습니다.

우리 아이의 여러 특성을 고려했을 때 무슨 일이 있어도 재수만은 막아야 했고, 많이 아쉬운 대학을 보내더라도 당해에 반드시 대학을 보내는 것이 저의 목표였어요. 그래서 당장은 모의고사 점수가 더 좋게 나오고 있었지만, 살얼음판 같은 정시보다는 좀 더 안정적인 수시 학종에 집중하도록 아이를 이끌었어요. 수능은 그 누구도 장담할 수 없는 예측불허의 시험이기 때문입니다. 그래서 수시원서 6장을 원하는 대학에만 쓴 것이 아니라, 최악의 경우까지 대비해서 안정권으로 보이는 다소 아쉬운 대학에 꼭 1장은 쓰게끔 전략을 짰어요. 왜냐하면 우리 아이는 절대로 재수할 수 있는 타입이 아니어서, 아이가 180도 확 바뀌지 않는다면 재수에서는 승산이 전혀 없어 보였거든요. 지금도 공부하기 싫어서 어쩔 줄 모르는데 한 해 더 공부하게 된다면 아이가 정말 어떻게 될지 상상만 해도 끔찍했어요. 아이가 재수하면서까지 학원을 빠지고 PC방을 간다면 아이 인생도 꼬였겠지만, 아마 그보다 먼저 제가 못 견뎠을 것입니다. 자식에 대해서 왜 그렇게 부정적이고 비관적으로 생각하냐구요? 아이 사춘기를 4년 넘게 겪으면서 힘든 일이 너무 많아서 저는 지칠 대로 지쳤고, 아이에 대해 너무 많이 실망해서 더는 욕심을 낼 수 없었기 때문입니다.

07

수능 만점자 선배

●●● 우리 아이가 고2였을 때 12월 초에 있었던 일로 기억됩니다. 바로 한 해 선배들의 수능 점수가 발표되었는데 놀랍게도 우리 학교에서 수능 만점자가 나왔습니다. 학교가 남고이다 보니 이과 중심의 학교였고 이과에 우수생들이 몰려 있어서 수능 만점자가 나와도 당연히 이과에서 나올 줄 알았는데, 신기하게도 100명밖에 없는 문과에서 나온 것이었어요. 지금 우리 사회에서는 '문송합니다'라는 유행어가 나올 정도로 문과가 위축되어 있고, 특히나 남자아이들 중에는 문과생이 많지 않습니다. 그래서 학교에서도 상대적으로 문과에 신경을 덜 써 주는 듯한 인상을 받았고, 문과를 선택한 아이의 엄마로서 마음이 편치 않았어요. 학교 설명회에서도 문, 이과를 같이 설명한다지만 이과 위주로 흐를 수밖에 없더군요. 이렇게 소외감을 느끼다 보니 저는 우리 반 대표 엄마가 되어 학교에 대한 발언권을 가지게 되자마자

문과 위주의 설명회를 개최해 줄 것을 학교에 요청했던 것입니다. 그런데 그랬던 문과에서 학교 최초로 만점자가 배출되고 신문에 대서특필 되었습니다. 학교 정문에 대문짝만한 현수막이 걸렸어요. 경축, 수능 만점자 배출! 우리 아이 학교에 경사가 났던 것입니다.

바로 한 해 위의 선배가 수능에서 만점을 받으니 아이 학교 문과반 학생들의 사기가 하늘을 찌를 듯이 높아졌어요. 자신들도 뭔가 해낼 수 있다라고 생각하는 분위기였고, 우리 아이는 워낙 주변 분위기에 영향을 많이 받는 아이여서 같이 사기가 올라가는 듯했어요. "엄마, 우리 학교 만점자 형 나도 알아. 그 형이랑 동아리활동 같이 했거든. 그 형 진짜 똑똑한 형이야. 정말 멋있어." 평소엔 말수가 적었던 아이도 집에 오면 신이 나서 그 선배 이야기를 할 정도였어요. "나도 수능 만점 받고 싶어." 우리 아이는 자기가 모의고사에서 어느 정도 성적이 나오니까 조금만 더 공부하면 가능하지 않을까 하고 생각하는 눈치였어요. 저는 오래간만에 자식이 힘을 내고 사기가 올라서 의욕을 보이는 모습을 보니 너무 반가웠어요. 그래서 저도 덩달아서 힘이 났어요.

그러면 그 수능 만점자 선배는 서울대학교를 갔을까요? '무슨 질문이 이래? 왜 뻔한 질문을 하는 것일까?'라고 생각하시는 분들 계시죠? 그런데 아쉽게도 이 학생은 수능 만점을 받고도 서울대학교를 가지 못했습니다. 그럼 어디 외국 유학이라도 간 것일까요? 수시에서 다른 대학교에 이미 합격하는 바람에 만점을 받고서도 정시로

서울대학교를 지원할 기회가 없었던 것입니다. 우리는 흔히 이런 일에 '수시 납치'라는 말을 쓰지요. 수시에서 합격하면 수능을 아무리 잘 봐도 정시에 원서를 제출할 수 없으니 참으로 아쉽고 딱한 일입니다.

우리 세대들과는 달리, 우리 자식들은 수시와 정시로 나뉘는 이중 구조의 대입을 치러야 합니다. 수시전형에서 6번의 지원 기회가 있고, 일단 수시에 합격하면 그해에는 정시 지원 자체가 불가능합니다. 그러므로 수시 원서 6장을 쓸 때 신중을 기해야 하는 것이지요. 그러면 문과 최상위 학생들은 보통 어떻게 수시 지원을 할까요? 서울대 지역균형 선발은 문과 1등에게만 주어지는 특권이고, 그 외 문과 2~3등 학생은 서울대 수시 일반전형에 일단 지원하더군요. 그리고 연세대 2장, 고려대 2장, 남은 한 장은 서강대나 성균관대를 지원하는 것이 일반적인 패턴입니다. 아이 학교 만점자 선배도 일단 이런 식으로 수시를 지원했을 것입니다. 자신이 장차 수능 만점을 받을 것이라는 사실은 전혀 알지 못한 채 말입니다.

여기서 잠깐! 평범엄마의 한마디

수능 만점

수능 만점은 분명히 개인에게 영광이고 소속 학교에게도 경사스러운 일입니다. 그러나 우리는 수능 만점을 받았다고 자신이 원하는 대학에 꼭 갈 수 있는 것은 아닌 입시제도 속에서 살고 있습니다. 그래서 대입제도에 대한 이해가 필요한 것이지요. 수시에 합격이 되면 정시에선 지원 자격이 없어진다는 것을 꼭 아셔야 합니다. 이른바 '수시 납치'가 그 대표적인 사례입니다.

08

2학년 막바지 학교생활기록부 관리

••• 아이와 협력할 땐 협력하고 다툴 땐 다투다 보니, 어느새 고2 겨울 방학이 다가오고 있었어요. 고2 2학기 기말고사를 끝으로 내신은 이제 거의 정해졌습니다. 2학년 1학기 때보다 2학기에 받은 내신이 조금 더 아쉬운 등급이 나온 것이 안타까웠지만, 그래도 아이가 공부를 완전히 놓치는 않고 벼락치기라도 해서 겨우 받은 내신 성적이라서 겸허히 받아들일 수밖에 없었어요. 내신은 거의 정해졌지만, 학교활동은 계속해야 했지요. 우리 아이는 막바지 학교생활기록부를 조금이라도 풍성하게 만들어야 했기 때문에 하기 싫어도 교내 대회를 나가야 했고, 개인봉사활동을 규칙적으로 해야 했고, 동아리활동도 계속 했습니다. 특히 마지막까지 챙길 수 있는 중요한 활동은 독서활동이었습니다. 아이의 개성을 어필할 수 있고 아이 학업 능력과 전공에 대한 관심을 드러내기 위해서 독서활동이 꼭 필요했기 때문이에요.

그래서 고2 마지막 기말고사가 끝난 시점부터 겨울 방학이 끝날 때까지 중요한 책들은 꼭 읽도록 지도했어요.

아이 학교에서는 겨울 방학이 끝날 때쯤 1주 정도 학생들을 등교시켰습니다. 방학 중 실시한 봉사활동 실적이나 독서활동 등의 자료를 선생님께 제출해서 학교생활기록부에 올리기 위해서, 그리고 학교생활기록부를 최종적으로 점검할 수 있는 기회를 주기 위해서였어요. 우리 아이가 다닌 D고교는 이런 섬세한 배려까지 해 줄 정도로 학생들에게 참으로 신경을 많이 써 주는 학교였어요.

나이스[1] 학부모 서비스에 들어가면 아이의 학교생활기록부를 수시로 열람할 수 있어요. 혹시 아이의 활동 내용이 잘못 기재되어 있거나 누락된 사항이 있을지 모르니, 학년말이 되면 수시로 사이트에 들어가서 아이의 학교생활기록부를 정독해야 합니다. 그리고 한 학년이 지나면 작년 담임 선생님은 학교생활기록부에 접근 권한이 없어지므로, 학교생활기록부 기재 사항은 당해에 확인하고 수정 사항이 있으면 바로 수정해야 합니다. 2월 말 1주간의 등교일은 이를 바로잡을 수 있는 마지막 기회인 것이지요. 저는 나이스 학부모 서비스로 아들의 학교생활기록부를 시간 있을 때마다 꼼꼼히 살펴보고 수정 사항이나 누락 사항이 있는지 점검했고, 이 시기에는 아들에게도 자신의 학교생활기록부를 집중적으로 살펴보게 했습니다. 자기 것은 자기가

1 나이스(NEIS) 서비스: 교육부에서 운영하는 종합교육행정정보시스템으로 우리 아이들의 생활기록부가 기록, 저장되는 서비스입니다. URL은 "neis.go.kr" 입니다.

챙기게 하는 것이 맞으니까요. 엄마가 도와주는 데에는 항상 한계가 있으니까요. 우리 아이는 특별히 누락 사항이 없었어요. 그런데 다른 아이의 경우 독서활동 기록이 등록되지 않았는데 이런 누락 사항을 체크하지 못 했다가 뒤늦게 학년이 바뀌고 나서야 알게 되는 일도 있더군요. 그 엄마는 그제서야 학교에 찾아가서 이런 사실을 알렸지만 이미 그 해당 선생님은 학교생활기록부에 접근 권한이 없어진 후여서, 결국 누락된 사항을 기재할 수 없었다고 합니다. 모든 일에는 때가 있으니 학년말에는 학교생활기록부를 꼭 열람하셔서 이러한 불이익을 당하는 일이 없도록 해야 합니다. 한 줄이 아쉬운 상황에서 아이의 어느 과목 교과 독서활동이 누락되어 있다면 얼마나 억울한 일인가요?

어머니들, 자녀가 고1이거나 고2라면, 학년말에 자녀의 학교생활기록부를 열람하시면서 꼼꼼히 점검하시는 것이 중요합니다. 기록을 입력하는 선생님 입장에서는 학년말 업무가 너무 과중한데다 학교생활기록부에 학생들의 각종 활동을 기록하셔야 하기 때문에 일이 너무 많습니다. 그러다 보면 사람이 하는 일이니 실수가 나올 수 있고, 입력 오류가 나올 수도 있으며, 기재 내용이 누락되는 경우도 있답니다. 이에 대한 대책은 아이들이 직접 나이스 학부모 서비스에 들어가서 자신의 학교생활기록부를 점검하는 것밖엔 없어요. 그리고 엄마들도 같이 점검해 주셔야 합니다. 자녀의 매 학년이 끝나갈 때마다 엄마들도 학교생활기록부를 꼭 열람하시기를 권해 드립니다.

09

엄마, 나 이제 사춘기 끝났어

••• 고2 겨울 방학이 다가오던 어느 날, 우리 아이가 뜬금없이 "엄마, 나 이제 사춘기 끝났어." 하고 말하는 거예요. 사실 우리 아이가 자신의 사춘기가 끝났고 말한 건 그때가 처음이 아니었습니다. 고1 올라오면서도 그랬는데, 작심 3일도 안 되어 마음 못 잡고 또 방황하더군요. 그런데 고2 겨울 방학이 다 되어 갈 때쯤 이 말을 들으니, 저는 왠지 이번엔 진짜일 거라는 생각이 들더군요. 아들은 자신이 생각해 보아도 고등학생치고는 좀 과하게 놀았고 대입 준비가 너무 안 되어 있다는 판단을 한 모양입니다.

아이가 이렇게 뭔가 심기일전하는 태도를 보이자, 저는 제 주특기를 드디어 풀가동하게 되었어요. 저의 정보력 말입니다. 아이가 마음 못 잡고 있을 때는 별로 소용없던 각종 자료와 정보들이 이제 아이가 조금이라도 정신을 차리니까 아주 유용한 자료가 되더군요.

국어 과목의 경우 '마르고 닳도록'이라는 책이 수능기출문제에 대한 해설이 가장 잘 되어 있다고 정평이 나 있었어요. 그래서 일단 그 책을 사서 자학자습 시켰어요. 그리고 국어 인강 중 수업이 좋기로 유명한 강사의 강의를 신청해서 국어의 전영역을 정리하게 했습니다. 수학도 유명한 강사의 인강을 신청해서 고3 때 배우게 될 확률과 통계에 대한 강의를 집중적으로 듣게 했고, 수2와 미적분은 어려운 문제 위주로 선별해서 듣게 했어요. 그리고 영어는 제가 아이의 고등학교 내신을 직접 지도해 왔기 때문에 쭉 이어서 수능기출문제 위주로 지도해 주었어요.

우리 아이는 수능 사회탐구 과목으로 생활과 윤리, 그리고 경제를 선택했었지요. 고2 겨울 방학 때 국영수는 물론이고 사탐 두 과목도 완벽하게 정리하는 게 포인트였습니다. 생활과 윤리는 S 인강을 듣게 했고, 경제는 M 인강과 EBSi 인강을 듣게 했어요. 한국사도 시간이 날 때마다 EBSi 인강을 짬짬이 들으면서 정리하도록 했어요. 고2 겨울 방학엔 아이가 해야 할 공부가 정말 태산 같이 많았지요.

제가 넋을 놓고 있는 바람에 기숙 학원의 윈터 스쿨도 놓치고 관리형 자습실도 못 가게 되자, 고2 겨울 방학에 아이를 어떻게 공부시켜야 할지 눈앞이 캄캄했습니다. 제가 이런 상황을 아이에게 말하자, "엄마, 괜찮아. 오전에는 집에서 공부하다가 점심 먹고 독서실 가면 돼. 저녁엔 인강 들으면 되잖아." 하고 나름대로 대안을 제시하는 것이었어요. 아무 생각도 없어 보였던 우리 아이조차도 이 시기쯤 되니 생각이 많아지는 것 같더라구요. 듣고 보니 괜찮은 생각인 듯해서 아이 말대로 하도록 했지요. 과연 계획대로 잘 되었을까요? 걱정과는 달리, 아이가 마음을 잡으니까 순조롭게 겨울 방학을 잘 보낼 수 있었어요. 우리 아이가 고2 겨울 방학을 어떻게 보냈는지 좀 더 소상히 알려 드릴게요.

오전에는 8시쯤 일어나서 아침을 먹고 9시부터 집에서 공부를 했어요. 월수금 오전에는 영어 수능기출문제나 6월, 9월 모평문제를 한 회씩 풀고 채점한 후, 틀린 문제나 이해 안 되었던 부분들 위주로 제가 설명을 해 줬어요. 그리고 그 회에 나온 어려운 단어들을 정리해서 암기하도록 했습니다. 화목토 오전에는 국어책 '마르고 닳도록'에 나오는 수능기출이나 6월, 9월 모평문제를 한 회씩 풀고 채점 후, 해설서를 보고 스스로 공부하고 익히도록 했지요.

점심 먹은 후 독서실에 가서는 수학 수능기출이나 6월, 9월 모평문제를 풀고 틀린 문제 위주로 반복해서 풀어 보고, 풀이과정을 보면서 다시 풀어 보는 식으로 공부했답니다. 그리고 국어책 '마르고 닳도록'의 해설서에 설명이 너무 상세하게 잘 되어 있어서 그 해설만 반복해서 보아도 상당히 공부가 된다고 하더군요. 그래서 독서실에서 수학문제도 풀고, 국어 해설서를 다시 한번 더 읽으면서 공부했다네요. 수학은 거의 매일 공부한 셈입니다.

저녁엔 집에서 인강을 들었어요. 그동안 저는 우리 아이가 인강을 신청해서 제대로 공부하는 것을 잘 보지 못했어요. 고1이나

고2 때 급해서 인강이라도 신청해서 듣게 하면, 꼭 딴짓을 하더군요. 인강을 듣는가 싶어 좀 있다가 확인해 보면 게임을 하고 있거나 카톡 등을 하고 있어 컴퓨터 앞에 앉히는 것 자체가 큰 모험이었어요. 시간만 가고 자꾸 컴퓨터로 딴짓을 하니까 학습 능률도 떨어져서 인강은 결국 안 하게 되었어요. 그런데 고2 겨울 방학 때는 사정이 좀 달랐습니다. 인강을 들으면서 게임이나 톡 등을 거의 하지 않고 집중해서 듣더군요. 그리고 한 영역씩 완강을 할 때마다 힘들어도 뿌듯해 했어요. 국어는 문학, 독서, 화법과 작문, 고전문학 등 영역별로 차근 차근 강의를 들었고, 수학은 3학년 1학기 때 배울 확률과 통계 과목에 대한 인강을 들었답니다. 월수금 저녁엔 국어 인강과 경제 과목 인강을 들었고, 화목토에는 수학 인강과 생활과 윤리 인강을 들었어요. 경제는 이미 고2 때 학교에서 배운 과목이라서 개념 총정리와 심화문제풀이 위주의 강의를 들었고, 생활과 윤리는 고3 때 배울 과목이어서 미리 선수 학습을 하는 식으로 진행했어요. 그리고 일요일 저녁에는 한국사 인강을 듣게 했어요. 아이가 고1 때 한국사를 배웠는데 내용이 하나도 기억나지 않는다고 해서 인강이라도 듣게 한 것입니다.

고2 겨울 방학이 이렇게 흘러갔고, 1월 말쯤 되니까 국영수 과목의 수능기출 및 모평 문제를 거의 다 풀게 되었어요. 이 시기에 EBS 연계 교재인 '수능특강'이라는 책이 나오게 되는데 저는 이 책을 과목별로 전부 주문했습니다. 고3이 되면 전 교과에 걸쳐 수능특강 교재로 수업을 하는 학교들이 많고 그 교재에서 내신 문제를 내는 것이 일반적이어서, 미리 수능특강을 공부하면 상당히 유리하다는 것을 학원 설명회에서 들어서 알고 있었기 때문이에요. 우리 아이 학교에서도 고3 1학기 내신은 수능특강에서 시험 문제를 내더군요. 저는 수능특강 영어를 아이가 풀게 하고 틀린 문제에 대해 설명해 주고, 단어를 정리해서 암기했는지를 확인하는 엄마표 과외를 계속했어요. 그리고 수능특강 수학과 국어 외 여러 세부 과목들도 아이 스스로 풀게 했어요. 그래서 고3 3월이 되기 전에 수능특강 전과목을 한 번씩 다 풀게 했습니다.

제가 아이를 키우면서 크게 느낀 것이 하나 있어요. 그것은 엄마가 밀어붙인다고 아이가 공부를 하는 게 아니라, 아이 스스로가 꼭 해야 되겠다는 결심을 해야만 공부한다는 것입니다. 우리 아이도 참으로 오랫동안 공부 문제로 속을 썩이더니 절박한 순간이 되니까 군소리 없이 공부하더군요. 참 신기했어요. 이런 일이 우리 아이에게도 드디어 일어나더군요. 그래서 저는 겨울 방학 내내 아이가 집에서 스스로 아침 공부를 하는 모습을 보았고, 점심 먹고 독서실을 가는 모습을 창문 너머로 흐뭇하게 내려다 볼 수 있었습니다. 저에게도 이런 순간이 오네요. 조금 늦었지만 그때라도 마음을 잡은 것이 정말 다행이었어요. 그렇지 않았다면 지금쯤 우리 아이는 어떻게 되어 있을까요? 제 주변 선배 엄마들이 자식 때문에 너무 오래 속 태우는 저를 보면서 조금만 더 기다려 보라고 말해 주었던 것이 무슨 의미인지 그제서야 알 것 같았습니다. 후배 어머니들에게도 이런 순간이 얼른 오길 바랄게요.

여기서 잠깐! 평범엄마의 한마디

고2 겨울 방학

고2 겨울 방학은 대입에 있어서 가장 결정적인 시기라고 단언할 수 있습니다. 몇 달 후 고3이 된다는 부담감은 그동안 생각 없이 놀던 아이들까지도 정신이 들게 할 정도로 아주 센 동기를 제공하니, 이때 바짝 공부시킬 수가 있더군요. 이 시기에 권하고 싶은 것은 국영수 과목의 개념 정리 및 6월, 9월 모평과 수능기출문제 풀이입니다. 그리고 사탐이든, 과탐이든 선택한 두 과목에 대한 개념 정리와 기출문제 풀이입니다. 한국사는 다른 공부가 잘 안 되는 시간이나 휴일에 인강을 몰아서 듣는 것을 강추합니다. 또한 고3 1학기 내신이 가장 중요하므로 고3 1학기 때 배우게 될 수학 과목이나 탐구 과목들을 미리 선행 학습하는 것도 고2 겨울 방학의 중요한 포인트입니다.

제6부

고3이 되다

평범엄마의
자녀 교육

01

고3 첫 모의고사에서 대박이 나다

••• 아이가 고3이 되자, 3월 초에 바로 첫 모의고사를 치르게 되었습니다. 아이가 중요한 시험을 보는 날이 되니 저도 긴장이 되더군요. 여태껏 아이가 모의고사 시험을 볼 때마다 저는 초조해서 집에 있지를 못했어요. 그래서 친한 엄마들과 차를 마시거나 식사를 하면서 긴장감을 달래곤 했지요. 그러다 보니 시험 날이면 만나게 되는 멤버들이 정해져 있을 정도로 우리 엄마들은 자식이 시험을 볼 때마다 아이 못지않게 긴장했던 것입니다. 제가 계속 아이 공부와 진학 얘기만 하니까 저 사람은 공부밖에 모르는 엄마인가 하고 생각되셨죠? 그런데 저도 아주 평범한 엄마로서 아이와 함께 힘들어 하고 초조해 하며 아이 곁을 지켜 왔습니다. 그리고 공부도 공부지만, 아이 건강과 몸매 관리를 위해서 식사 준비에 누구보다 신경을 썼어요. 장을 일주일에 서너 번 보러 다닐 정도로 이것 저것 챙겨서 먹이고 입히는 전형적인

'어미 새' 스타일이었죠. 자식 입에 맛있고 좋은 음식 들어가는 것이 마냥 흐뭇하고 잘 먹는 아이를 너무 이뻐하는 그런 어미 새 말입니다.

고3 첫 모의고사는 고1, 고2 때 아무 생각 없이 보던 시험과는 상당히 다른 의미를 가지고 있어요. 고등학교 공부의 가장 결정적 시기인 고2 겨울 방학을 보내고 치르는 시험이라 그 의미가 컸습니다. 겨울 방학 때 공부를 얼마나 완성도 있게 했느냐를 가늠해 볼 수 있는 척도가 될 수 있다는 점에서 중요했고, 향후 고3이 치르게 될 수많은 모의고사들의 첫 출발이라는 점에서도 의미가 큰 시험입니다. 우리 아이도 평소와는 달리 상당히 긴장된 모습으로 학교에 갔고, 저도 덩달아 긴장이 되어서 도저히 집에 있을 수가 없었어요. 그래서 지인들과 차 마시고 식사하며 시간을 보내다가 장을 봐서 집에 왔죠. 5시 다 되어 갈 무렵, 드디어 아이가 전화를 했어요. 이번 모의고사가 대박 났다고 기뻐하는 내용이었어요. 모의고사 채점을 하고 난 뒤 저녁쯤 이투스나 메가스터디 같은 대형입시학원에서 예상 등급 컷을 올리는데, 언, 수, 외, 사탐 네 개 영역 모두 여유 있게 1등급을 받았던 것입니다. 겨울 방학 때 놀고 싶은 마음을 참고 나름대로 열심히 공부하더니 그 효과를 본 듯해서 정말 기뻤지요. 이번에는 아이가 열심히 해서 얻은 성과라서 더욱 기뻤어요. 아들의 3월 모의고사 성적은 학교 문과 1등이었고, 재수생이 빠진 시험이었지만 고3 현역 중에서도 백분위가 상당히 높게 나왔던 것으로 기억됩니다.

그렇다면 우리 아이가 모의고사에서 강세를 계속 이어갔을까요? 그렇지는 않았습니다. 아들은 4월 모의고사에서 성적이 조금 떨어졌고, 재수생들도 가세하는 6월 평가원모의고사에서는 성적이 훅 떨어졌어요. 그리고 7월 모의고사에서는 성적이 조금 올랐고 9월 평가원모의고사에서 조금 더 올랐으나, 3월 모의고사 같은 고득점은 다시는 나오지 않았어요. 그리고 어려웠던 10월 모의고사에서 성적이 다시 떨어졌어요. 정말 모의고사 점수는 믿을 만한 것이 못 되더군요.

사실 고1, 고2 때 봤던 모의고사는 준비 없이 치렀고 아이가 공부를 불성실하게 하던 시절이라 큰 기대를 걸지 않았습니다. 그런데 참으로 신기하게도 중학교 때부터 쌓아 온 국영수 기본기가 모의고사에서 어느 정도 발휘되었는지 고1 첫 모의고사부터 줄곧 문과 상위권의 점수를 받곤 했습니다. 그리고 희한하게도 고2 겨울 방학식 날 '모의고사 우수자'라는 명목으로 장학금과 장학증서까지 받아 옵니다. 고1, 고2 내내 그렇게 학원을 빠지고 게임을 해서 제 속을 썩였던 아들이 놀랍게도 모의고사는 잘 봐서 인생 최초로 장학금을 다 받아 온 것입니다. 참 묘하죠? 이런 실력으로 왜 내신은 그렇게 안 돌봤는지요.

모의고사 잘 봤으면 됐지 무슨 욕심이냐구요? 저는 모의고사 점수를 그다지 믿지 않는 엄마였어요. 아이가 치열한 자기와의 싸움에서 쟁취한 모의고사 점수라면 저는 크게 평가하고 마음 놓고 기뻐했을 거예요. 하지만 열심히 했던 왕년에 쌓아 둔 선행 학습 기본기에다 운까지 겹쳐서 어쩌다 보니 잘 나왔던 1, 2학년 때의 모의고사 점수는 솔직히 신뢰할 수 없었습니다. 학습 능력은 인정할 수 있었지만 향후 수능에서도 계속 고득점 하리라는 보장이 없었으니까요. 저는 매사 안정을 갈구하는 안정 최우선주의자였어요. 모험이나 도박 같은 위험도 높은 일은 정말 제 스타일이 아니었어요. 교사 시절, 평소에는 모의고사를 잘 보아서 정시에 집중했던 제자들이 수능 날에 실력 발휘가 안 되어서 수능에서 고배를 마시는 사례를 많이 보았습니다. 거기다 지방 일반고 문과 1등이었던 제 조카의 경우에서도 이와 유사한 현상을 목격했어요. 그리고 저와 교류했던 많은 베테랑 엄마들의 자녀들도 비슷한 이유로 재수를 했었지요. 그래서 저는 모의고사 점수를 별로 신뢰하지 않았고, 이런 불안한 모의고사 점수를 믿고 정시에 올인 할 순 없다는 것이 제 판단이었습니다. 그래서 보다 안정적인 듯하고 평소에 조금씩 준비할 수 있는 수시 학생부종합전형을 그토록 선호했던 것입니다.

고등학생 자녀를 둔 후배 어머니들, 매번 모의고사마다 긴장되셨죠? 고3 때에는 무슨 모의고사를 그렇게 자주 보는지 돌아서면 또 모의고사를 치러야 하는 일들이 반복되더군요. 그런데 모든 일에는 결국 끝이 있었습니다. 계속 이어지던 지루한 시험 후, 아이가 결국 합격을 하고 이제는 대학생이 되어 있어요. 지금은 마음고생을 많이 하시겠지만 곧 저처럼 마음의 여유를 찾으면서 대학생이 된 자녀를 흐뭇하게 지켜보실 그날이 꼭 온다는 것을 잊지 마세요. ●●●

여기서 잠깐! 평범엄마의 한마디

고3 모의고사

3월 모의고사는 고3이 되어 처음으로 보는 모의고사로, 고2 겨울 방학을 알차게 보냈는지를 확인할 수 있다는 점에서 중요합니다. 그러나 보다 더 의미 있는 시험은 N수생과 함께 치르는 6월 모의평가와, 반수생까지 합류하는 9월 모의평가입니다. 이 두 시험은 수능 출제 기관인 한국교육과정평가원에서 수능 시험의 출제방향과 유사한 형태로 문제를 출제합니다. 그리고 교시별 시험 시간, 시험감독, 채점 절차, 성적 통지 등이 수능 시험과 유사하게 진행됩니다. 따라서 6월과 9월 모의평가를 통해 교시별 시험 시간의 안배 능력, 공부 방법과 취약 부분 등을 점검할 수 있어요. 또한 수능 예상성적 위치와 희망 대학 지원가능 여부 등을 파악할 수 있어 대학 입시의 학습목표 수립에 좋은 지표가 된답니다. 저희 아들의 경우는 가장 어렵게 느껴졌고 가장 점수가 안 나왔던 6월 모의평가 점수가 실제 수능 점수와 거의 유사했어요. 그러나 모의고사 점수는 매번 등락의 폭이 있고 실제 수능 점수와 바로 직결되지 않는 경우가 많으므로 꾸준한 학습 관리가 중요합니다.

02

학교 자체 진학 설명회는 꼭 참석하세요

••• 아이가 고3 때 학교에서 개최하는 학부모총회에 참석했습니다. 1부에서는 학교 강당에서 진학 담당 선생님께서 진학 설명회를 하셨고, 2부에는 담임 선생님께서 진행하시는 각 반별 총회가 있었어요. 진학 설명회에서는 작년 고3들의 대입 실적과 재작년의 대입 실적 등을 볼 수 있었습니다. 특히 작년 수능에서 문과 만점자가 배출되는 바람에, 그 학생의 작년 모의고사 점수 추이와 진학 결과에 대해 관심이 쏠렸어요.

저는 아이의 학교에서 개최하는 진학 설명회가 가장 중요하다고 생각합니다. 그래서 저는 아이 학교의 자체 진학 설명회는 만사를 제쳐 두고서 우선적으로 참석했어요. 고1, 고2, 고3 때 모두 학교 자체 설명회에는 단 한번도 빠진 적이 없어요. 학교 진학 설명회에서 가장 현실적이면서도 살아 있는 정보들을 많이 얻을 수 있기 때문입니다. 학교 자체 설명회에서는 선배 학생들의 실제 사례를 중심으로 어느 대학 어느 학과에 몇 명이 합격했는지까지 상세하게 알 수 있었습니다. 우리 아이는 인(in)서울 대학의 경영학과를 가는 것이 목표여서 고려대학교부터 건국대학교에 이르기까지 범위를 좀 넓게 펼쳐서 수시 지원을 할 생각이었고, 해당 대학 사례가 나올 때마다 저는 휴대폰으로 화면을 찍어 두었습니다. 저는 학교 진학 설명회에서 항상 맨 앞자리에 앉았어요. 맨 앞자리에 앉으면 선명한 사진을 찍을 수 있다는 이점이 있었고 필요에 따라 질문을 하기도 편리했거든요.

어머니들, 직장을 다니시는 엄마들도 자녀 학교의 자체 진학 설명회만은 연차를 내서라도 꼭 참석하시길 권해 드립니다. 가능하면 매 학년 초에 열리는 진학 설명회는 필수적으로 참석하세요. 추가적으로 고3 학부모를 위한 수시 설명회에 고1, 고2 어머니들도 참석하실 것을 권해 드립니다. 자녀가 고3이 되었을 때 갑자기 설명회를 가면 무슨 내용인지 하나도 못 알아듣는 경우가 많다고 합니다. 고1, 고2 때부터 계속 들어야 입시 용어도 좀 익숙하게 느껴지고 내용 파악도 더 수월해진답니다. 제가 아이 1학년 때부터 3학년 때까지 학교 자체 설명회를 꾸준히 참석하면서 느낀 점은 설명회를 참석할수록 조금씩 더 정보를 알아보는 안목이 생기더라는 것입니다. 아이가 신입생이었을 때는 학교 설명회의 내용들이 잘 이해되지 않는 것도 많았고, 학교 대입 실적에 대한 정확한 분석도 잘하지 못했어요. 그런데 참석 횟수가 거듭될수록 아이에게 유용한 정보를 가려서 듣게 되고, 우리 아이에게 의미 있는 정보 위주로 분석도 하게 되면서, 쏟아지는 각종 자료 속에서 필요한 것을 취사선택하는 안목이 생기더군요.

더 중요한 것은, 저는 설명회 후 아이에게 설명회 자료나 휴대폰으로 찍은 자료를 보여 주었다는 점입니다. 이 정도 내신에 이런 스펙을 가진 형들이 이 대학 경영학과에 최종합격 했다는 것을 직접 확인시켜 준 것이죠. 엄마들이 가장 현실적이고 와닿는 정보를 수집하기 위해 학교 자체 진학 설명회에 참석하는 것이 중요하지만, 정보 수집에만 그치면 별로 소용이 없잖아요. 그 정보를 필요한 곳에 사용하고 수험생 당사자인 아이에게도 어떤 형태로든 전달이 되어야 그 정보가 가치 있다고 봅니다. 학원 설명회든, 학교 설명회든 어머니들께서 참석하시는 것도 중요하지만, 거기서 얻으신 정보의 핵심 내용을 아이에게 브리핑 해 주시는 것이 더욱 중요합니다. ●●●

여기서 잠깐! 평범엄마의 한마디

학교의 학부모 설명회

학교의 학부모 설명회는 우리 아이들이 다니고 있는 학교의 지난 입시 결과 등을 보여 주기 때문에 아주 의미가 있답니다. 학원 설명회와 마찬가지로 다소 생소한 대학 입시 용어를 듣고 당황하실 수 있기 때문에 미리 사전 이해를 하고 참석하셨으면 해요. 제 블로그 '평범엄마의 우리아이 대학진학비법과 알짜교육정보'의 '대학입시용어' 메뉴를 참고하시면 어려운 대학 입시 용어들을 이해하시는 데 조금이나마 도움이 될 것입니다.

03

대학별 설명회에서 뜻밖의 수확을 얻다

••• 보통 4월부터 6월까지 대학들이 각 고교로 입학사정관을 보내서 자기 대학을 홍보하고 설명회를 합니다. 아이가 고3이 되자, 아이 학교에서 열리는 이러한 대학 설명회는 빠짐없이 참석하려고 애썼지요. 아이 내신이 3점 초반으로 거의 굳어 가고 있었기 때문에 서울대와 연세대는 접어야 했고, 고려대부터, 성균관대, 한양대, 중앙대, 서울시립대, 건국대 등의 경영학과에 수시 6장을 쓰려고 마음 먹고 있었습니다. 그래서 아이 학교에 고려대학교 설명회가 있을 때 참석했고, 성균관대학교 설명회는 놓쳐서 목동 Y고에서 하는 성균관대학교 설명회에 지인과 함께 참석했어요. 그리고 나머지 대학들도 우리 학교에서 설명회를 했을 때 참석했습니다. 그런데 우리 아이가 한양대학교에 대해서는 좀 망설이고 있었어요. 한양대학교 수시 학종은 면접 없이 학교생활기록부 100%로만 학생을 선발했는데, 해마다 우리

학교 문과 학생들을 많이 뽑아 주지 않아서 이 대학에 수시 원서를 쓰는 것이 과연 괜찮을까 하고 고민했어요. 그래서 한양대학교 대신 경희대학교나 한국외국어대학교도 생각해 보고 있었습니다.

5월 어느 날, 아이 학교에서 경희대학교 설명회가 있었습니다. 저는 그날 그 설명회를 갈까 말까 망설였어요. 사실 경희대학교 경영학과는 그 당시 아들과 함께 수시전형 대학들을 의논할 때 고려 대상이 아니었기 때문이죠. 그래도 혹시 모른다는 생각에 일단 아들과 함께 참석하기로 했습니다. 친한 엄마들에게 경희대학교 설명회에 같이 가자고 연락을 했더니 다들 별로 관심을 보이지 않아서 저도 가지 말까 하는 생각도 잠깐 들었어요. 그래도 우리 아이가 참석한다는 말에 저도 같이 듣기로 했지요. 학생과 학부모 모두 많이 참석했던 고려대학교 설명회와는 달리, 경희대학교 설명회에는 학생들만 꽤 많이 오고 학부모들은 몇 분만 참석하셨더군요. 그런데 경희대학교에 대해서 혹시 놓치고 있는 것이 있을지 모른다는 막연한 불안감에 참석한 그 자리에서, 저는 뜻밖에 소중한 정보와 성과를 얻을 수 있었습니다. 아이 학교에 온 고려대학교, 중앙대학교 등 여러 대학의 설명회를 들었지만, 경희대학교 입학사정관님의 설명이 가장 명쾌했어요. 그리고 그분의 진솔하고 시원시원한 태도가 아주 인상 깊었습니다. 설명회가 끝나기를 기다렸다가, 저는 용기를 내어 단독으로 솔직한 질문을 했습니다. "저희 아이는 경희대학교 경영학과에 관심이 있는데, 우리 학교 문과 선배들이 경희대학교에 많이 진학하지 못한 듯해요. 경희대학교에서 우리 학교를 어떻게 평가하시는지 궁금합니다." 그때 그분의 대답에서 저는 큰 힌트를 얻었습니다. "작년에 우리 대학교 경영학과에서 이 학교 내신이 3.×, 3.×인 학생 두 명을 최종합격시켰는데, 더 상위의 대학에 중복 합격을 했는지 등록을 하지 않았어요. 이 정도면 우리 대학이 이 학교 학생들을 많이 뽑아 준 편 아닌가요?" 하고 말씀하시는 것이었어요. 이 답변을 듣고 저는 우리 아이도 경희대 경영학과에 합격 가능하겠다는 확신을 가지게 되었습니다. 사실 이런 살아 있는 정보는 쉽게 얻을 수 없는데, 뜻밖의 순간에 기대 이상의 정보를 얻었던 거예요.

저는 경희대 설명회가 있던 날 그 설명회 참석이 그다지 내키지 않았어요. 혹시나 놓치는 것이 있지 않을까 하는 묘한 불안감에 가기 싫은 마음을 억누르고 참석했던 거예요. 그런데 신기하게도 저는 참석하기 싫었지만 꾹 참고 갔었던 설명회에서 의외로 좋은 정보를 많이 얻게 되더군요. 우리 아이의 한 해 선배들이 경희대학교 경영학과에 등록을 하지 않았을 뿐, 실제로는 수시에 최종합격 했다는 사실은 전혀 알 길이 없는 귀한 정보였어요. 그 해당 학생의 엄마들을 직접 알지 않는 이상 알아내기 힘든 정보였지요. 아이 학교 대학 입시 결과에도 경희대학교 경영학과 최종합격 두 명은 우연히 누락이 되었는지, 자료가 없었거든요. 그런데 제가 경희대학교 입학사정관님께 '왜 우리 학교 학생들을 많이 뽑아 주시지 않느냐?'는 불평에 가까운 질문을 하면서, 그리고 '우리 학교에 우수하고 열심히 하는 학생들이 많으니 관심 좀 가져 달라.'는 취지의 말씀을 드리는 과정에서 의외의 정보를 얻게 된 것입니다. 우리 아이와 비슷한 정도의 내신을 가진 선배 두 명이 실제로 경희대학교 경영학과에 최종합격 했는데 등록을 하지 않았다는 사실은 저에게 오랜 가뭄 끝에 오는 단비와 같은 희소식이었어요. 우리 아이도 충분히 경희대 경영학과에 수시 학생부 종합전형으로 합격할 수 있겠다는 희망을 발견하는 순간이었지요. 제가 아이 고교에서 개최한 경희대학교 설명회를 가지 않았다면, 그리고 그런 합격가능성에 대한 힌트를 얻을 수 없었더라면, 우리 아이는 아마 경희대학교 경영학과를 지원하지도 않았을 것이고 입학할 기회를 가지지 못했을 것입니다.

어머니들, 기회가 어디에 숨어 있을지 모르니 항상 관심을 가지고 알아보는 자세가 중요한 듯해요. 아무리 바빠도, 혹은 도무지 내키지 않아도 관심있는 대학의 설명회는 꼭 참석하실 필요가 있습니다. 그리고 설명회가 끝나면 입학사정관님께 제가 했던 것과 유사한 질문을 꼭 해 보시길 강추합니다. 학부모의 진지한 질문을 받으면 입학사정관들은 어떤 형태로든 성의 있는 답을 줄 거예요. 행여 그렇지 않다 하더라도 손해 볼 것은 없습니다. 적어도 우리 학교 학생들은 열심히 공부하고 우수하니까 우리 학생들에게 관심을 가져 주십사 어필하는 것 자체만으로도 의미가 있다고 봅니다. 또 그만큼 우리 학교 학부모들이 교육에 열성적임을 보여 주는 것이니까요.

여기서 잠깐! 평범엄마의 한마디

고교방문 각 대학교 설명회

우리 아이들이 지원하는 대학교의 생생하게 살아 있는 정보를 그 대학의 입학사정관들로부터 얻을 수 있는 아주 좋은 기회입니다. 그 대학에 대해 궁금한 내용은 꼭 질문해서 향후 입시 전략에 반영해야 합니다. 입학사정관의 설명이 끝나고 잠시 질의 응답 시간이 주어지는 경우가 많은데, 문제는 많은 학부모와 교사들, 그리고 학생들이 지켜보는 가운데 질문을 하는 건 여간 용기가 필요한 일이 아니라는 것입니다. 쑥스럽고 민망하시다면, 질의 응답 등 모든 일정이 끝날 때까지 기다렸다가 입학사정관이 나가려고 준비하는 바로 그 때 개인적으로 살짝 질문해 보세요. 저도 바로 이런 타이밍에 경희대학교 입학사정관님께 개인적으로 질문했고, 엄청난 보너스 같은 대답을 얻을 수 있었습니다.

04

수시 6장 이렇게 선택했어요

●●● 우리 아이는 고2 겨울 방학 때부터 서서히 수시 원서 6장을 어디 어디에 쓸까를 고민했습니다. 아이 내신이 3점대 초반으로 거의 자리를 잡아 가던 중이어서 스카이 대학을 쓰는 것은 힘들었지요. 그러나 고려대학교 경영학과는 무리를 해서라도 아이가 꼭 쓰고 싶어 하는 곳이어서, 일단 고려대학교 경영학과는 모험하는 기분으로 상향 지원하기로 했어요. 고려대학교 경영학과는 정시에서는 문과 최상위 점수를 받는 수재들이 오는 곳이어서, 수시로 여기에 합격하면 대입의 완전한 성공이라는 생각이 들 정도로 우리 아이에겐 참 버거운 곳이었어요. 그런데 고3 때, 아이 학교 진학 설명회에서 고려대학교 경영학과를 학생부종합일반전형으로 내신 3점대의 선배 학생이 최종 합격 했다는 사실을 듣고는, 혹시 우리 아이도 가능하지 않을까 하는 실낱같은 희망이 생기더군요. 아이가 너무 가고 싶어 하는 대학이고,

또 한 해 선배 학생이 운 좋게 수시 충원으로 최종합격 했다고 하니 망설일 수 없었습니다. 그래서 수시 원서 한 장은 고려대학교 경영학과로 정해졌습니다.

그 다음으로, 성균관대학교 경영학과에 학생부종합 성균인재전형으로 도전하기로 했어요. 사실 성균관대학교 경영학과도 우리 아이에겐 상당히 벅찬 곳이었지만, 해마다 두 명 이상의 학교 선배 학생들이 이 대학 경영학과에 합격한 사례가 있었습니다. 특히 우리 아이와 비슷한 내신을 가진 선배들이 충원 합격한 사례들을 보고, 여기는 그래도 가능성이 꽤 있다는 확신을 가지게 되었어요. 그리고 고3 담임 선생님과의 진학 상담 때 성균관대학교 경영학과도 가능하니까 원서를 써 보라고 권해 주셔서 다소 상향 지원이지만 성균관대학교 경영학과를 수시로 지원하기로 결정했습니다.

고려대학교와 성균관대학교 경영학과를 상향해서 지원했으니, 적정하다고 생각되는 수시 원서도 반드시 두세 장은 있어야 했습니다. 아이에게 비교적 적정권이라고 판단한 대학은 중앙대학교와 경희대학교 경영학과였어요. 해마다 내신 3점대의 학교 선배들이 중앙대학교 경영학과를 합격한 사례가 있었기 때문에 우리 아이가 합격할 가능성이 높다고 보았어요. 그리고 경희대학교 경영학과는 우리 학교 학생들을 별로 선호하지 않는 줄 알았는데, 선배 학생 두 명을 최종합격시킨 사실을 설명회에서 알게 되자 확신을 가지고 지원하게 되었습니다.

이제 두 장의 수시 원서가 남았고, 그 두 장은 안정권 대학에 지원해야 했으므로 최대한 신중을 기해서 선택했습니다. 서울시립대와 한국외대 중에 한 장을 쓰고, 보다 하향해서 건국대와 홍익대 중에 나머지 한 장을 쓸 것을 고민해야 했지요. 아이가 모의고사에서 고득점 하는데 왜 굳이 수시에서 하향 지원을 하려고 하느냐구요? 저는 이 질문을 고3 담임 선생님과의 상담에서도 들었고, 저와 친한 엄마들로부터도 여러 번 들었어요. 제가 고3 담임 선생님과 상담한 것은 4월 모의고사가 끝난 직후였는데, 아이가 두 모의고사에서 상당히 좋은 성적을 거두고 있을 때였죠. 담임 선생님께서는 중앙대학교 경영학과까지는 정시로도 충분히 가능하니까, 하향 지원을 하지 말고 한양대학교와 성균관대학교 글로벌인재전형으로 두 장을 쓰도록 권해 주셨어요. 수시에서 너무 하향 지원했다가 뒤에 수능 점수가 잘 나와도 수시 납치를 당하게 되니까, 최대한 이런 사태를 피하자는 말씀을 해 주신 것입니다.

그런데 저는 생각이 좀 달랐습니다. 저는 안정을 최우선시하는 안정주의자였고, 무슨 일이 있어도 우리 아이는 재수를 시키지 않겠다는 의지가 남달리 강했습니다. 저는 오랜 시간 우리 아이를 밀착하여 관리해 와서 아이의 심리 상태나 상황을 누구보다 잘 파악하고 있었어요. 그래서 우리 아이는 재수를 할 수 있는 타입이 아니라는 것을 잘 알았죠. 지금도 공부하기 싫어서 어쩔 줄 모르고 겨우 하는데 유혹이 너무 많은 재수 생활을 어떻게 감당해 낼 수 있겠어요? 그리고 놀고 싶은 유혹을 물리치고 재수 생활 동안 열심히 공부했다 하더라도 수능을 잘 본다는 보장은 어디에도 없습니다. 설령 수능을 잘 봐서 고득점을 받았다고 해도, 결과는 그리 밝지 않을 수도 있습니다. 정시가 얼마나 치열한지, 그리고 삼수를 하지 않기 위해 재수생들이 얼마나 하향 지원하는지를 저는 너무나도 잘 알고 있었어요. 그래서 수시에서 하향 안정 지원도 한 장 정도는 꼭 했던 것입니다. 수능에서 점수가 잘 안 나왔을 때에는 수시에서 하향 지원했던 대학조차도 갈 수 없는 케이스들이 정말 많답니다.

어머니들, 수시 원서 여섯 장을 어디에다 쓸까 고민하시는 분들이 많이 계시죠? 학원이나 학교에서는 모의고사 성적, 특히 6월 모평 성적을 기준으로 해서 합격 가능한 대학 그 위로 상향해서 수시 원서를 쓰라고 많이들 말씀하시더군요. 그런데 제 의견은 좀 다릅니다. 제 판단 기준은 우리 아이가 재수를 할 수 있는 타입이냐 아니냐입니다. 이게 무슨 뚱딴지 같은 소리냐구요? 아이가 유혹들을 견뎌내고 공부를 계속할 수 있는 뚝심과 끈기가 있다면 6월 모평 성적을 기준으로 상향해서 수시를 지원해도 됩니다. 하지만 아이가 그런 상황이 아니라면 모평 성적을 기준으로 적정권과 안정권을 고르게 안배해서 지원해야 한다는 것이 저의 판단입니다. 결국 우리 아이는 고3 담임 선생님의 만류에도 불구하고 하향 안정 지원으로 건국대학교 경영학과를 선택했어요. 그리고 하향까지는 아니어도 안정적이라 생각했던 서울시립대학교 경영학과에도 원서 한 장을 썼습니다. 이리하여 수시 원서 여섯 장을 상향 두 군데, 적정 두 군데, 안정 두 군데로 확정 지었습니다.

이러한 수시 지원의 결과는 어떻게 되었느냐구요? 수많은 변수와 의외의 결과들이 기다리고 있더군요. 저처럼 각종 설명회를 챙겨 다니고 입시 뉴스나 입시 관련 카페를 넘나들면서 전방위적으로 정보를 수집했던 엄마에게도 그 결과는 정말로 뜻밖이더군요. 상향 지원했던 두 군데는 예상대로 불합격했고, 하향이라고 생각했던 서울시립대와 건국대에서 1차 합격조차 하지 못한 수모를 겪었습니다. 그나마 다행히 적정이라고 생각했던 두 군데에서 1차 합격을 했고, 결국 경희대학교 경영대학 경영학과에 수시 학생부종합 레오르네상스전형으로 최종합격 하게 됩니다.

그러면 우리 아이가 수능은 어떻게 봤느냐구요? 혹시 수능을 너무 잘 봐서 수시 납치 사태가 벌어졌냐구요? 제 우려대로 수능에서 좋은 성적이 나오지 않았습니다. 수능 성적으로 정시 지원을 했다면 수시 때 하향 지원이라고 말렸던 건국대학교 경영학과도 지원하기 위험한 지경이었어요. 수시에서 경희대학교를 넣지 않았다면 어떻게 되었을까요? 정말 생각만 해도 천길 나락으로 떨어지는 듯 아찔하고 끔찍하네요.

제가 경험한 대학 입시는 정말 한치 앞도 안보이는 안개 정국이었어요. 그 누구도 결과를 장담할 수 없는 상황이므로 자녀가 내신보다 모의고사 점수가 좀 더 좋게 나온다고 무작정 정시에만 집중하시면 절대로 안 됩니다. 수시전형이 복잡하고 깜깜이 전형이라 불릴 만큼 예측 불가한 것이지만, 정시전형은 그보다 훨씬 더 치열합니다. 그러니 정시만 믿고 수시 6장 카드를 포기하거나 대강 써서는 안 됩니다. 자녀의 모의고사 성적 추이를 기준으로 하되, 공부 태도나 재수 가능 여부 등 자녀의 성향이나 스타일도 잘 고려하셔서 수시 지원서 여섯 장을 현명하게 선택하시길 바랍니다.

여기서 잠깐! 평범엄마의 한마디

수시 지원 6장

수시 지원할 여섯 곳을 선택하는 것은 참으로 어렵지만, 상향 2, 적정 2, 하향 2 이렇게 6장을 안배해서 선택 지원하는 포트폴리오를 수립해야 합니다. 이 과정에서 만일의 상황, 즉 수시 지원 6군데가 모두 불합격하게 될 최악의 상황도 대비해야 합니다. 그러려면 정시도 고려해야 하고 수능을 대비하여 마지막까지 수능 공부를 할 수 있도록, 수시에서 수능최저기준이 있는 대학을 한 군데 정도 지원하는 것도 하나의 방법입니다. 수시전형으로 수능최저기준이 있는 대학들을 지원하게 되면 수능을 등한시할 수 없게 되고, 수능까지 완주하면서 면학 분위기를 다잡을 수 있습니다. 수능을 염두에 두지 않고 수시에만 집중했다가 수시에서 단 한 개의 대학에도 합격하지 못하게 되면, 결국 대입에서 그 어떤 성과도 얻을 수 없게 됩니다.

05

대입 자기소개서 이렇게 썼어요

••• 고3 여름 방학 때, 우리 아이는 수시전형에 제출할 자기소개서를 쓰느라 많은 시간을 보냈습니다. 수능이 100여일 남은 시점에서 공부하기도 벅찬데 자소서까지 쓰려고 하니까 정말 쉽지 않은 여름 방학을 보내야 했지요. 사실 수많은 수험생들이 토로하는 애로사항은 자소서를 인생에서 처음 써 본다는 것입니다. 그래서 무슨 말부터 써야 될지 모르겠고 막막하게 느껴진다는 반응을 많이 보이더군요. 자소서 1번 문항에다 학업에 기울인 노력 과정과 이를 통해 느낀 점을 써야 하는데, 우리 아이도 첫 문장부터 막혀서 한 줄조차도 쓰기 어려워하더군요. 몇 시간째 계속 고민만 하고 가끔씩 스마트폰을 보면서 딴짓도 하다 보면, 한 문장도 제대로 쓰지 못한 채 하루 이틀이 지나버리기 일쑤였어요.

후배 어머니들, 이와 비슷한 경험을 하셨거나 지금 하고 계실 엄마분들이 많으실 것입니다. 유난히도 짧은 고3 여름 방학에 공부하랴 자소서 쓰랴, 거기에 면접 특강을 들으러 다니는 경우까지 있죠. 일정은 빡빡하고 마음은 조급한데 아이는 자소서를 빨리 빨리 쓰지 못하니 엄마들의 마음은 초조하다 못해 새까맣게 타들어 갈 것입니다. 고3 여름 방학이 다 끝나가는데도 자소서를 완성하기는커녕, 아직 시작도 못하고 있는 아이들도 분명히 있을 것이라고 생각합니다. 그러면 이 어려운 자소서 작성 문제를 어떤 방법과 단계를 거치면서 돌파했냐구요? 우리 아이가 대입 자소서를 쓰면서 밟은 과정을 단계별로 알려 드릴게요.

첫째, 저는 막막해 하는 우리 아이에게 제일 먼저 자신의 학교생활기록부를 여러 번 정독하라고 권해 주었어요. 처음 아이의 반응은 "바빠 죽겠는데 내 학생부 전체를 꼼꼼히 읽어 볼 시간이 어디 있어?" 또는 "몰라, 귀찮아."였습니다. 그러나 저는 학생부에서 가장 특징적인 활동을 우선적으로 뽑아서 자소서의 소재로 삼아야 함을 강조하면서 동아리활동, 진로활동, 자율활동, 수상 실적, 세부 능력 및 특기 사항, 그리고 독서활동 등 소재 뽑기 쉬운 파트를 특히 상세히 읽으라고 미션을 줬어요.

둘째, 아이에게 학생부를 읽고 가장 특징적인 활동을 뽑아 그 명칭만 간단히 메모하게 했습니다. 아이는 동아리활동 중에서는 모의주식투자대회와 경제경영캠프에서 강연을 했던 일을 대표 활동으로 우선 뽑더군요. 그리고 수상 실적 중 인문사회보고서대회에서 마케팅 전략 연구에 대한 보고서로 은상을 받은 일을 뽑았고, 세부 능력 및 특기 사항에서는 경제 과목 시간에 수행평가 과제로 발표했던 것을 선택했어요. 그리고 진로활동 중에서는 진로 체험 활동으로 스타트업 기업을 탐방하고 대표님과 인터뷰한 일을 대표 소재로 뽑아냈습니다. 소재 다섯 개가 나왔으니 이 중에 앞의 세 가지 소재는 자소서 2번 항목(학교생활 중 의미 있었던 활동들과 이를 통해 배운 점)의 글감으로 삼을 수 있게 되었어요. 그리고 경제 수업 시간에 했던 수행평가 과제는 자소서 1번 문항(고교생활 중 학업에 기울인 노력과 배운 점)의 소재로 정했습니다. 일단 소재를 선택하고 나니 아이는 뭘 써야 할지를 어느 정도 파악하게 되었고, 막막했던 자소서 작성이 좀 더 구체화될 수 있었지요.

셋째, 소재 선택이 거의 완료되어 소위 '무엇(What)'은 해결되었는데, 그 다음 문제는 '어떻게(How)'였습니다. 즉 무엇을 글감으로 쓸 것인지는 정해졌지만, 어떻게 써야 할지가 문제였던 것이죠. 그때 저는 아이에게 대입 자기소개서 유튜버인 '한○○ 멘토'의 자소서 작성에 대한 유튜브 동영상을 보도록 했습니다. 1번 문항은 어떻게 작성하면 좋은지 차근차근 설명을 들으면서 중요한 사항은 아이에게 메모하게 했습니다. 아이 옆에서 저도 함께 그 자소서 동영상을 보면서 힌트를 얻었습니다. 그리고 아이에게 이제 1번 문항을 한번 써 보라고 했어요. 우리 아이는 여전히 힘들어 했지만, 소재도 정했고 쓰는 방법도 배웠으니 예상보다 훨씬 빨리 1번 문항을 작성하더군요. 2번, 3번 문항도 똑같은 방법으로 아이와 제가 한○○ 멘토의 동영상을 보면서 메모했어요. 방법을 숙지하고 글을 쓰니까 덜 힘들어 하더군요. 이런 식으로 급한 대로 자소서 1, 2, 3번 공통 문항을 작성했습니다.

넷째, 이제 해야 할 일은 아이가 써 놓은 자소서를 엄마, 아빠가 돌려 읽으면서 첨삭을 하는 일이었어요. 어색한 문장을 바로 잡고 좀 미흡해 보이는 부분을 보완하도록 하여 아이에게 두세 번 수정을 하게 했습니다. 그리고 수시전형에 제출할 교사추천서를 고3 담임 선생님께 부탁 드려 놓은 상태여서, 아이에게 선생님께 자소서를 보여 드리고 조언을 구하도록 했습니다. 고3 담임 선생님들께서는 방학 중에도 방과후 수업이나 진학 상담 때문에 학교에 상주하고 계시니, 한발 빨리 자소서를 완성하여 제일 먼저 보여 드리고 의견을 구하는 것이 좋습니다. 담임 선생님께 추천서를 부탁한 학생이 많을 수 있으니 뒤늦게 자소서를 보여 드리면 제대로 된 첨삭을 받을 여유가 없을 수 있기 때문입니다.

우리 아이가 담임 선생님께 자소서를 보여 드렸더니, 내용이 연결성 없이 너무 나열식으로 구성되어 있음을 지적하셨다네요. 연결성 있게 하나의 스토리가 되도록 수정해서 다시 검사 받으러 오라고 말씀하셨답니다. 우리 아이는 그렇게 자소서를 몇 번 더 수정해서 담임 선생님께 보여 드렸어요. 감사하게도 담임 선생님께서는 바쁜 시간을 쪼개서 아이의 수정된 자소서를 계속 점검해 주시고 조언을 해 주셨습니다. 엄마와 아빠의 첨삭을 받고 담임 선생님의 지도 및 조언까지 받으면서, 아이의 자소서는 처음 썼던 자소서보다 훨씬 더 세련되어졌어요. 아이가 자소서를 조금씩 고치다 보니 결국 버전1부터 버전15까지 수정본이 나올 정도였어요.

다섯째, 자소서 유사도 검사를 자체적으로 받아 보고 유사도를 체크해 보았습니다. 우리 아이는 자소서가 완성되자, 혹시 자기 자소서가 유사도 검사에서 유의 수준이 나오면 어쩌나 하는 걱정을 하더군요. 워낙 많은 수험생들이 여러 해 동안 비슷한 자소서를 써 왔고 자기의 자소서도 그중 한 편일 텐데, 어떻게 유사도 검사를 안전하게 통과할 것인지 염려했어요. 백 퍼센트 자신의 이야기를 썼지만 하늘 아래에 새로운 건 없다고, 다 비슷비슷하면 어쩌지 하는 우려를 가지고 있더군요. 저 역시 걱정이 되어서 '카피킬러'라고 하는 유사도 검사를 시험 삼아 돌려 보았더니, 오리지널한 아이의 글인데도 6% 정도 유사도가 나오더군요. 그래도 이 정도면 괜찮은 수준이라고 안심하게 되었습니다. 카피킬러는 아이가 고등학교 보고서대회에 보고서를 제출할 때, 학교 측에서 요구한 유사도 검사 프로그램이었어요. 한두 번은 무료로 이용 가능하고, 좀 더 정밀한 검사를 위해 한 건당 몇 천 원 정도의 비용을 내는 유료 검사도 있습니다.

마지막으로, 대학 자율문항인 대입 자소서 4번 문항 작성에 관한 것입니다. 이 문항에서는 대부분 지원동기와 지원하기 위해서 노력한 과정(중앙대, 경희대, 건국대), 혹은 앞으로의 진로 계획(성균관대, 서울시립대)이나 우리 대학이 지원자를 뽑아야 하는 이유(고려대)

등을 쓰도록 요구하는데, 공백 포함해서 1500자 혹은 1000자 분량을 써야 했습니다. 우리 아이는 4번 문항을 작성하는 데 시간이 은근히 많이 걸리더군요. 중앙대, 경희대, 건국대는 동일한 것을 요구하므로 비슷하게 써도 되지만, 경희대의 경우는 문화인, 세계인, 창조인이라는 세 가지 인재상 중 지원자에게 해당되는 인재상에 맞춰서 4번 문항을 써야 했어요. 건국대의 경우도 대학에서 요구하는 인재상에 지원자가 부합한다는 것을 어필해야 했어요. 그리고 성균관대나 서울시립대는 4번 문항에 향후 진로 계획을 써야 하므로 또 내용을 바꿔서 작성해야 했답니다. 특이하게도 서울시립대의 경우, 각 단과대학별로 원하는 인재상이 달라서 이를 꼭 확인하고 인재상에 맞춰서 4번 문항을 작성해야 했어요. 그런데 우리 아이가 가장 쓰기 힘들어 한 것은 고려대 4번 문항이었어요. 전혀 다른 내용, 즉 '지원자를 뽑아야 하는 이유'를 써야 했기에 상당히 다른 각도에서 4번 문항을 작성해야 했습니다. 그러나 자소서 4번 문항이 대학별로 조금씩 달라도, 결국 나의 꿈은 무엇이고, 이러한 포부를 가지고 이 대학을 지원하게 되었고, 이런 노력을 해 왔고, 앞으로 진로 계획은 이러하다는 식으로 스토리를 엮는다는 본질은 비슷하다고 할 수 있어요. 그러므로 대학마다 완전히 다른 4번 문항을 만들려고 에너지를 소모하지 말아야 합니다. 기본 스토리 라인을 따라 진행하다가 미래 진로 쪽을 좀 더 강조하거나, 인재상에 부합한다는 내용을 좀 더 강조하는 식으로 약간씩 변형해서 쓰는 것이 현명할 듯해요.

2022학년도 대입부터 자기소개서의 문항 수나 글자 수가 축소되는 변화가 있었고, 2024학년도부터는 대입 자소서를 폐지하는 쪽으로 교육부 방침이 발표되었으므로 이러한 변화에 유의하세요. 그리고 자소서 쓰느라 수고 많은 수험생들과 그들 옆에서 매 순간 함께하는 우리 어머니들께 이 글이 조금이나마 도움이 되었으면 하는 바람입니다. 자녀들이 '나는 이런 학생이다.'라는 것이 한눈에 보이는 훌륭한 대입 자소서를 써서 지원 대학 입학사정관의 마음을 끌 수 있기를 바랍니다.

여기서 잠깐! 평범엄마의 한마디

자기소개서 작성

촉박한 일정에 쫓기면서 자기소개서를 만족할 수준까지 쓸 수는 없습니다. 그래서 고2 겨울 방학 때 미리 자기소개서를 써 놓고 고3 때 내용을 조금씩 첨삭해 나가는 것이 가장 바람직합니다만, 현실적으로 그때는 자기소개서를 쓸 생각을 하지 못하더군요. 아무리 늦어도 고3 여름 방학을 시작하자마자 바로 자기소개서 작성에 돌입해야 합니다. 그래야만 여름 방학 끝나기 전에 자기소개서를 완성할 수 있고, 담임 선생님께 점검 받고 조언을 얻을 수 있는 시간을 벌 수 있습니다. 자기소개서 작성에 대해서는 제가 운영하는 네이버 블로그 '평범엄마의 우리아이 대학진학비법과 알짜교육정보'의 '성공하는 대학입시의 모든 것' 메뉴를 보시면 도움이 되실 거예요. 입시기관, 뉴스 매체, 유튜브 등을 통한 자기소개서 작성에 대한 안내가 '자기소개서 총정리, 자기소개서 작성 실제사례' 등으로 일목요연하게 정리되어 있습니다.

06

대입 수시 원서 접수 유의사항

••• 고3 여름 방학이 끝나고 2주도 안 되어서 바로 대입 수시 원서 접수 날이 왔어요. 우리 아이는 일찍부터 경영학과를 목표로 하고 있었기 때문에 대학만 결정하면 되어서 수시 지원 6장 선택이 그렇게 복잡하지는 않았습니다. 상향 지원으로 고려대학교와 성균관대학교를, 적정 지원으로 중앙대학교와 경희대학교를, 적정과 안정 사이에 서울시립대학교, 그리고 하향 지원으로 건국대학교를 썼어요. 모두 학생부종합전형으로 지원했는데 대학마다 학생부종합전형의 명칭이 조금씩 달랐어요. 고려대는 학생부종합일반전형으로, 성균관대는 성균인재전형으로, 중앙대는 탐구형인재전형으로, 경희대는 레오르네상스전형으로, 서울시립대는 학생부종합전형으로, 건국대는 KU자기추천전형으로 각각 원서를 접수했습니다.

우리 아이는 수시 6장을 일찌감치 정해 놓고 있었기 때문에 경쟁률은 별로 신경 쓰지 않았습니다. 그래서 유웨이나 진학사 어플라이로 원서 접수를 할 때, 경쟁률 걱정은 그다지 하지 않고 접수 첫날에 원서를 접수했어요. 눈치 작전을 전혀 벌이지 않고 나름 소신 지원을 했던 거예요. 그런데 이건 좀 생각해 볼 문제가 있더군요. 아무리 소신껏 지원하는 것이라지만 합격 확률을 높이기 위해서는 경쟁률도 신경 썼어야 했던 것입니다. 2019학년도 고려대 경영학과 대입 수시 학종 일반전형의 경쟁률은 8대1로, 2018학년도 대입 경쟁률 6.8대1에 비해 꽤 높았어요. 성균관대는 9.2대1, 중앙대는 8.7대1, 그리고 서울시립대는 7.4대1의 경쟁률이었는데, 이들 역시 전년도에 비해 조금 더 경쟁률이 높았습니다. 충격적이었던 것은 경희대의 경쟁률이 무려 19.2대1이나 되었다는 점이에요. 건국대 경영학과도 19.8대1로 경쟁률이 어마어마했지요. 논술전형도 아닌데 어쩌면 이렇게 경쟁률이 높은지요. 주변 친한 엄마들의 자녀들이 논술전형을 몇 군데 썼는데, 기본적으로 30대1이 넘는 경쟁률을 보이고 심하면 100대1이 넘는 경쟁률을 보이는 곳도 있더군요.

원서 접수 마감 날에 최종 경쟁률을 보고 우리 아이는 너무 놀라고 걱정스러워 했어요. 어디 하나 만만해 보이는 곳 없이 모두 경쟁률이 세어 보였던 것이지요. "엄마, 경쟁률이 7대1도 머리 아픈데 19대1이면 어떻게 해야 하는 거야? 나 참, 심장 쫄려서 못 살겠네." 하고 걱정을 하더군요. 저 역시 엄청나게 걱정되었지만 애써 태연한 척하면서, "이 정도 경쟁률은 아무것도 아니야. 인원수 적게 뽑는 곳들은

20대1, 30대1이 넘는 곳도 많아. 수시 지원의 주사위는 던져졌으니 이제 면접 준비와 수능 공부에만 집중해야 해." 하고 말해 주었어요. 진인사대천명. 우리가 할 수 있는 노력은 다 했으니 모든 것은 하늘에 맡기고 1차 합격자 발표를 기다릴 수밖에 없었어요.

원서 접수는 마감이 되었으나 대입 자소서는 그로부터 며칠 정도 더 뒤에 마감이 되었습니다. 지원 대학별로 대입 자소서를 붙여넣기 하고서, 혹시 오자나 탈자가 없는지 몇 번이고 점검하면서 보냈어요. 그리고 그 기간에 교사추천서도 접수되어야 하는데, 우리 아이는 고3 담임 선생님께 추천서를 모두 부탁한 상황이라서 선생님께 지원하는 대학과 학과, 전형, 그리고 추천서 마감 날짜를 메모해서 드렸답니다. 그리고 담임 선생님의 추천서가 제때 제출되었는지 해당 대학의 입학처 홈페이지에 들어가서 확인하거나, 입학처에 직접 전화를 걸어서 일일이 체크했습니다. 만에 하나라도 담임 선생님께서 아이 추천서 마감 날짜나 시간을 잘못 알고 계셔서 마감 시한을 넘기면 어쩌나 하고 늘 유의하면서 그 기간을 보냈어요. 다행히 추천서가 모두 제 시간에 접수된 것을 확인하고서야 마음을 놓을 수 있었지요.

어머니들, 대입 수시 원서 접수와 함께 학교 선생님들로부터 받는 추천서에 대해서 유의하실 점이 있어요. 아이가 가만히 있는데 선생님이 추천서를 써 주시는 것이 아니므로, 자녀가 직접 해당 선생님께 찾아가서 추천서를 써 주십사 부탁을 해야 합니다. 그리고 추천서 부탁은 미리 여유 있게 여름 방학 시작 전에 하는 것이 효과적입니다. 추천서를 잘 써 주시기로 소문난 선생님들은 우리 아이 외에도 수십 명이 넘는 학생의 추천서를 부탁 받은 상황인데, 여름 방학이 끝나고 뒤늦게 추천서를 부탁 드리면 좀 곤란해질 수가 있습니다. 그런 일이 없도록 추천서는 미리 부탁 드려야 합니다. 또, 자녀가 자소서를 최대한 빨리 써서 추천서를 써 주실 선생님께 점검 받도록 해야 합니다. 그래야 선생님께서도 대강 이런 방향으로 추천서를 쓰면 되겠다는 감을 잡으실 수 있고, 자녀의 자소서 스토리 라인과 선생님의 추천서 내용이 일맥상통하게 되는 것입니다.

2019학년도 대입 수시전형에서 대학마다 추천서를 필수적으로 제출할 것을 요구하는 곳이 있는가 하면, 추천서 제출이 선택 사항인 곳도 있고, 아예 추천서를 요구하지 않는 곳도 있었어요. 2022학년도 대입부터는 교사추천서를 폐지할 예정이라고 하니 참고하세요. 그런데 추천서를 선택 사항으로 두는 곳은 주의해야 할 필요가 있습니다. 제가 대학교 설명회에서 입학사정관님께 들은 얘기인데, 추천서 제출이 선택이라고 적혀 있어도 재학생은 일단 추천서를 제출하는 것이 유리하다고 했어요. 대학들이 추천서 제출을 선택 사항으로 하고 있는 것은 재수생들이 이미 졸업한 학교에서 추천서까지 받는 것이 현실적으로 쉽지 않다는 일종의 재수생, 삼수생에 대한 배려 차원인 것이지, 재학생을 위한 것은 아니라는 것을 지적하시더군요. 재학생이 추천서를 제출하지 않으면 그 학교에 재학하고 있으면서도 지도 교사로부터 추천서도 못 받는가 하는 부정적인 인상을 줄 수 있다고 들었습니다. 그러므로 추천서 제출이 선택이든 필수든, 일단 재학생들은 추천서를 제출해야 하는 것입니다.

어머니들께 마지막으로 수시 원서 접수에 관해 알려 드리고 싶은 것은 원서 접수 마감 시각을 꼭 확인해야 한다는 것입니다. 제 지인 중에 직장맘이 계신데, 그 엄마가 아이가 지원한 대학의 원서 접수 마감 시각이 5시였는데 6시로 착각하는 바람에 아이가 그 대학에 원서를 접수하지 못했다고 합니다. 이런 불상사가 생기지 않게 하려면 원서 접수 마감 시각과 자소서 마감 시각을 반드시 재차 삼차 체크하시는 것을 잊지 마세요.

여기서 잠깐! 평범엄마의 한마디

대입 수시 원서 접수

추천서 제출이 선택 사항인 대학이어도 현수생은 반드시 추천서를 제출하는 것이 유리합니다. 그리고 추천서는 사전에 담임 선생님이나 교과 선생님께 학생이 직접 부탁을 드려야 하고, 추천서를 부탁한 선생님께 최대한 일찍 자소서를 보여 드리고 추천서 내용을 생각하실 시간적 여유를 드리는 것이 좋습니다. 또 원서 접수 기간에 해당 선생님께 지원 대학과 학과, 전형, 그리고 추천서 마감 날짜와 시각을 정확하게 메모해서 드려야 합니다. 대입 수시 원서 접수 시에는 우리 아이가 지원하는 각 대학별 원서 접수 마감 시각, 자기소개서 마감 시각 등을 세밀하게 점검해야 한다는 것을 잊지 마세요.

07

중앙대 학종 탐구형인재전형 1차 합격 비결

••• 우리 아이는 2019학년도에 중앙대학교 학생부종합 탐구형 인재전형에 수시 원서를 접수했고, 1차 합격을 하여 면접까지 보러 간 경험이 있습니다. 2020학년도 중앙대학교 수시모집은 전년도와 비교해서 두 가지 변화가 있어요. 수시 학종에 다빈치전형과 탐구형 인재전형이 있는데 둘 다 면접이 없어졌다는 것이 가장 큰 변화입니다. 2019학년도에는 면접이 있었어서 우리 아이가 면접 준비를 하느라 많은 시간을 보냈었지요. 이렇게 대학들의 수시전형 방식들이 해마다 조금씩 바뀔 수 있으니 지원하고자 하는 대학의 당해년도 수시모집 요강을 꼼꼼히 읽어 보셔야 합니다.

그러면 중앙대 학생부종합전형의 두 축인 다빈치전형과 탐구형인재전형은 어떻게 다를까요? 다빈치전형은 학업과 교내 활동이 균형적으로 우수한 인재를 뽑고자 하는 전형으로, 주로 내신 성적도 우수하고 학교 활동도 우수한 학생들에게 유리합니다. 이에 비해 탐구형인재전형은 해당 전공 분야에 대한 탐구능력을 보인 학생을 뽑으려는 전형으로, 내신 성적보다는 수상 실적, 창의적 체험활동, 독서활동 등이 돋보이는 학생들에게 유리합니다. 한 마디로, 다빈치전형은 내신과 활동이 골고루 우수한 학생을 원하고, 탐구형인재전형은 전공적합성이 뛰어난 학생을 뽑고자 한다는 것이지요.

우리 아이는 3점대 초반으로 좀 아쉬운 내신 성적을 가지고 있었지만, 경영 관련 동아리활동과 수상 실적 및 독서활동을 뚜렷하게 가지고 있었기 때문에, 탐구형인재전형에 지원했습니다. 아이는 고1 때부터 경영학과에 진학하기로 정하고, 모든 학교 활동을 경영이나 경제 분야에 집중해서 했어요. 지금부터 우리 아이가 중앙대학교 수시 학종 탐구형인재전형으로 경영학부 경영학과에서 1차 합격을 이끌어 냈던 비결을 구체적으로 공개합니다.

첫째, 경영에 관련된 동아리활동을 집중적으로 했습니다. 경제경영조합이라는 동아리활동을 3년간 꾸준히 하였고, 동아리에서 무슨 활동을 어떻게 했고 그로부터 무엇을 배웠는지 등 탐구활동의 과정이 학교생활기록부에 구체적으로 기록되어 있어요. 하지만 동아리활동 내용이 학교생활기록부에 상세하게 기재된 것만으로는 불충분합니다. 자소서 2번에 고교생활에서 의미를 두고 참여한 활동을 쓸 때에 반드시 전공 관련 동아리활동 스토리가 나와야 합니다. 단순한 동아리활동 스토리의 나열이 아니라, 동아리활동 중에서 인상 깊었던 활동의 탐구과정과 이를 통해 배운 점을 강조하여 구체적으로 쓰는 게 더욱 중요합니다.

둘째, 해당 전공 관련 수상 실적이 있어야 합니다. 도대체 전공 관련 수상 실적이란 어떤 상들을 말하는 것일까요? 이공계라면 발명대회나 실험보고서대회 정도가 될 것이고, 인문 사회계열이라면 토론대회나 인문사회보고서대회가 가장 핵심이라고 봅니다. 우리 아이는 1학년 때는 경제, 2학년 때는 경영-마케팅에 관한 인문사회 보고서를 써서 대회에 참가했었습니다. 인문사회보고서대회에서 1학년 때는 경제 분야로 장려상을, 2학년 때는 경영 분야로 은상을 받은 수상 실적을 가지고 있었어요. 중앙대 탐구형인재전형에서는 다양한 분야에 걸친 수많은 수상 실적을 원하는 게 아니라, 해당 전공 분야에 대한 탁월성을 증명하는 제대로 된 수상 실적 두서너 개를 원하고 있는 듯합니다. 그리고 자소서 2번란에 전공 관련 수상 실적 중 대표적인 사례를 소재로 어떤 과정을 거쳐 보고서를 썼고, 무엇을 배웠는지, 어떤 성장을 하였는지 반드시 상세하게 기록하는 것이 포인트입니다.

셋째, 독서활동도 전공적합성을 평가할 때 중요한 요소입니다. 제 아들은 1학년 때는 교과 과목별 심화 독서를 하면서 공통독서로 경제 경영 관련 책을 읽었고, 2학년 때부터는 경영에 관련된 독서에 집중했어요. 제 주위 엄마들이 아들의 독서 목록을 많이 궁금해 해서, 참고로 아이가 읽은 경영 관련 책 목록을 간단히 말씀드릴게요. 현대 경영학의 아버지라 불리는 피터 드러커의 「21세기 지식경영」,

「위대한 혁신」 등과 클레이튼 크리스텐슨 교수의 「혁신기업의 딜레마」가 대표적이며, 그 외에도 「한국자본주의」(장하성), 「하룻밤에 읽는 경제학」(마르크 몽투세 외 1인) 등의 경제 관련 서적과 「경영학 콘서트」(장영재) 등의 경영 관련 서적을 골라 읽었습니다.

넷째, 우리 아이를 돋보이게 하는 우리 아이만의 특색이 있어야 합니다. 그것도 해당 전공 분야에서요. 우리 아이는 TESAT(경제이해력검증시험) 3급 자격증을 가지고 있고 이것이 학교생활기록부의 자격증란에 기재되어 있습니다. 어학과 관련된 토익이나 텝스 등은 올릴 수 없지만 이 자격증은 학생부에 기재 가능한 자격증입니다. 이 자격증이 별 게 아닐지 몰라도, 그래도 '이 학생은 이런 것도 챙겼네!' 하는 인상을 주기에는 충분하다고 봅니다. 그리고 그만큼 경제 분야에 관심이 있고 기본기를 갈고닦아 왔다는 것을 증명해 보일 수 있는 요소라 생각해요. 목동이나 강남권 엄마들 중에서 경제학이나 경영학 쪽으로 자녀의 진로를 정한 경우는 이 자격증을 다들 시도해 보시더군요. 그런데 우리 학교 학생들은 이 자격증이 있다는 것도 모르고 있었기 때문에, 우리 아이만 유일하게 학교생활기록부에 이 자격증을 기재할 수 있어서 조금 더 돋보이지 않았나 생각합니다. 위에서 밝힌 동아리, 수상 실적, 독서뿐 아니라 이 자격증도 중앙대학교와 경희대학교 학종에 1차 합격할 수 있었던 원동력이 되었을 것이라고 자체적으로 분석하고 있습니다. 그 근거가 뭐냐구요? 우리 학교 문과에는 유달리 경제학과나 경영학과를 지망하는 학생들이 많았는데, 같은 학교 출신이다 보니 동아리활동이나 수상 실적이 대동소이했습니다. 그리고 우리 아이보다 내신이 높은 아이들도 고려대, 성균관대, 중앙대, 경희대까지 같은 학과를 지원했기 때문에 우리 학교 학생들끼리의 경쟁도 치열했습니다. 입학사정관이 학교생활기록부를 볼 때 같은 고교 출신 학생들이 여러 명이면 커리큘럼이 같으니까 이들끼리 비교를 할 수도 있다는 말을 들은 적이 있습니다. 우리 아이는 내신에서의 열세를 뭔가 특색 있는 개성으로 커버해야 했고, 그러려면 자격증이라는 자기만의 무기가 필요했던 것입니다.

여기서 잠깐! 평범엄마의 한마디

학생부종합전형의 합격 포인트

성실하고 착실한 학교 생활이 가장 중요합니다. 그러나 우리 아이만의 차별화도 꼭 필요하지요. 동아리활동, 수상 실적, 독서활동, 자격증은 우리 아이만의 차별화된 면모를 보여 줄 수 있답니다. 전공과 연계된다면 더욱 좋겠습니다. 부모님들께서 '자격증'에도 관심이 많으신데, 학교생활기록부에 기재 가능한 자격증은 아주 제한되어 있답니다. 이 부분은 제가 운영 중인 네이버 블로그 '평범엄마의 우리아이 대학진학비법과 알짜교육정보'의 '학교생활기록부 기재가능 자격증'을 참고하시면 됩니다.

08

중앙대 1차 합격과 면접 실제 사례

••• 우리 아이는 2019학년도에 중앙대 경영학과를 학생부종합 탐구형인재전형으로 지원했어요. 2019학년도까지는 이 전형의 1차 합격자 발표가 수능 이전에 났고, 그 4일 뒤에 면접이 있었습니다. 그런데 2020학년도에는 탐구형인재전형과 다빈치전형 모두 수능 이후에 합격자 발표가 나는 것으로 변경되었고, 면접 없이 바로 최초합격자 발표를 하는 것으로 바뀌었더군요. 중앙대 탐구형인재전형 1차 발표가 있던 날, 저는 떨리는 마음으로 아침부터 교회에 가서 기도를 했습니다. 수능 100일을 앞두고 고3 엄마들 대부분이 초조하고 갈급해서 수능 기도를 많이 하러 다니잖아요. 저도 예외는 아니었어요. 친한 엄마와 함께 다니던 교회의 대입 합격 기도회에 꾸준히 참석하고 있었지요. 중앙대 1차 합격자 발표가 오후 2시쯤 있었는데 저는 너무 긴장이 되어서 컴퓨터 키보드를 누르는 것도 힘이 들 정도였습니다.

아이의 이름과 수험번호를 입력하자 "1차 합격하셨습니다"라는 글자가 화면에 나오더군요. 너무 기뻐서 눈물이 났어요. 지금도 그 순간을 떠올리니 또 눈물이 나네요. 그만큼 수시 1차 합격은 우리 아이들과 엄마들이 너무 기다리는 소식이죠. 이 순간을 겪어 보지 못한 분들은 '최종합격 한 것도 아니고 겨우 1차 합격한 걸 가지고 뭐 그렇게 눈물 바람이냐?'라고 하실 수도 있지만, 8대1이 넘는 경쟁을 뚫고 아이가 3배수에 들었다는 것은 정말 감격스러운 일이었어요. 실제로 대입 수시를 경험해 본 선배 엄마들은 아시겠지만, '1차라도 합격해 봤으면 좋겠다.'는 말이 나올 정도로 1차 합격도 매우 힘들답니다. 아들이 중앙대에 1차 합격을 하니까 저는 세상을 다 얻은 기분이었어요. 그러나 기쁨도 잠시였지요. 나흘 후에 바로 면접 시험을 봐야 했으니 마음이 엄청나게 바빠졌습니다.

우리 아이는 여름 방학부터 학교에서 면접 특강을 받은 상황이었고, 중앙대 경영학과에 지원한 학교 친구 두 명과 계속해서 서로 묻고 답하는 면접 연습을 해 오고는 있었습니다. 그러나 이것만으로는 뭔가 부족하다는 생각이 들었어요. 그래서 1차 합격자 발표가 있기 한 달 전부터 중앙대 면접을 준비해 주는 학원을 물색해 보았습니다. 인원수가 많은 대형 면접 학원에서는 효과적인 연습이 안 될 것 같아서, 소규모로 진행되는 면접 학원의 파이널 면접반에 등록했어요. 그리고 중앙대 1차 합격자 발표가 나는 날, 아이가 학교를 마치자마자 바로 면접 학원으로 데려갔어요. 마음이 너무 급해지니까 아이 친구들끼리 면접 연습하는 것만 믿고 있을 수는 없었던 거예요.

그런데 그 학원은 그다지 유명한 학원이 아니었고 그냥 제가 급해서 알아본 학원이었는데, 선생님 한 분이 여러 대학 면접을 지도하셨어요. 아이를 학원에 일찍 올려 보내고 학원 앞 커피전문점에 앉아 그 학원으로 들어가는 학생들을 지켜봤는데, 아주 극소수의 아이들만 올라가는 것이었어요. 알고 보니 원래 독학 재수 학원인데, 면접 시즌에만 잠시 면접반을 개설하는 학원이었던 것이지요. 이건 아니다 싶은 생각이 들었는데, 아이가 수업을 받고 나오면서 강사님이 주신 자료가 제가 모아 준 자료보다 못하다는 얘기를 했습니다. 아이는 여기에서 면접 준비하는 것이 별로 도움이 되지 않는 것 같다면서 내일부터는 집에서 혼자 면접 준비를 하겠다고 말하더군요.

중앙대 탐구형인재전형 면접은 서류기반 개별 면접으로, 면접관 두 분 중 한 분은 인성 면접을 하고 다른 한 분은 전공적합성을 묻는 질문을 하는 형태였어요. 어려운 제시문 면접을 포함하는 고려대 학생부종합일반전형의 면접에 비해 준비하기가 쉬웠습니다. 학생별로 받는 질문이 다 달라서 보통 많이 받는 질문들 위주로 준비하면서 그 학생 특성에 맞춘 맞춤 질문에 대비해야 했어요. 개별 면접에서 어느 대학이나 가장 흔히 하는 질문들은 지원 동기나 장래 진로 계획에 관한 것이고, 독서를 강조하는 대학에서는 인상 깊었던 책에 대한 질문을 하기도 한답니다. 이러한 일반적이고 보편적인 질문보다 더 중요한 것은 전공적합성을 주로 묻는 개인별 맞춤 질문에 대비해서 예상 질문을 뽑는 것이었지요. 사실 학생의 지원 동기나 장래 희망, 진로 계획 등에 대한 질문에서는 그다지 점수 차이가 나지 않을 것 같습니다. 면접 학생들 사이에서 점수 차이가 나는 것은 바로 전공적합성과 관련된 심도 깊은 핵심 질문들과 그 뒤에 꼬리를 물고 이어지는 2차, 3차 질문일 것이고, 이 부분을 잘 대답해야 면접에서 좋은 점수를 받을 수 있는 것 같아요.

아이가 강남 면접 학원을 하루 가 보더니 시간이 아까워서 안 되겠다고 하면서 마지막 3일은 자기 혼자서 면접을 준비했어요. 자신의 자소서와 학교생활기록부를 몇 번씩 읽으며 예상 질문을 뽑는 작업을 계속하고, 그에 대한 예상 답변을 작성하면서 D-3일을 바쁘게 보냈습니다. 그리고 면접 D-2일엔 제가 예상 질문을 물으면 아이가 답변하는 연습을 집중적으로 했어요. 면접 D-1일에는 학교에서 중앙대 면접을 준비하는 친구들과 묻고 답하는 연습을 하고 난 후, 집에서 저와 남편이 두 명의 면접관 역할을 하면서 질문을 하고 아이가 답하는 실전 연습을 했어요.

드디어 면접 당일이 되었어요. 아이를 중앙대학교에 태워다 주었는데, 꽤 이른 시간인데도 벌써 많은 학생들과 학부모들이 와 있었어요. 지방에서 오는 학생들은 버스를 대절해서 오는 경우도 많더군요. 경영학과 면접을 진행하는 건물 1층에서 아이와 헤어졌어요. 학부모는 1층 학부모 대기실에서 기다리고 학생들은 2, 3층 면접 대기실로 올라갔어요. 긴장과 떨림의 시간이었습니다. 중앙대 면접은 그래도 대기 시간이 그리 길지 않았어요. 학생별로 면접 시간이 달라서 자기 면접 시간에 맞춰서 면접장에 도착하면 되더군요. 우리 아이는 오후 2시 면접이었고, 학교 친구 한 명은 오전 11시에, 또 다른 학교 친구는 오후 3시에 면접을 보았어요. 이렇게 면접 시간을 달리 하면 정보가 유출될 텐데 그래도 될까요? 개별 맞춤 질문이다 보니 학생 개개인이 받는 질문은 모두 달랐습니다. 예를 들어 우리 아이가 받은 질문은 '중소기업을 컨설팅하겠다고 했는데 자선 사업 하듯이 무료로 도와줄 생각인가? 그럴 생각이 아니라면, 수익구조는 어떻게 가져갈 것인가?' 등과 같은 날카롭고 깊이 있는 질문들이었답니다. 오전에 면접 본 친구는 '금융 전문가가 되고 싶다고 했는데 구체적 진로 계획을 말해 보라.'는 등의 질문을 받았고, 질문에 답하자 다시 꼬리 질문으로 더 깊이 있는 질문들을 받았다고 해요. 오후 3시에 면접 본 친구는 '패션 사업에 관심이 많다고 했는데 패션 사업을 어떻게 경영해 나갈 계획인가?'와 같은 구체적인 설명을 요구하는 개인 맞춤 질문들을 받았다고 합니다.

이처럼 학생별로 받는 질문들이 다르니까, 똑같은 제시문을 받는 제시문 면접처럼 시험이 시작해서 끝날 때까지 학생들을 한 장소에 묶어 둘 필요가 없었던 것이지요. 중앙대 탐구형인재전형은 특기자전형과 비슷한 성격의 전형이다 보니 결시는 거의 없었다고 합니다. 면접 대상 학생들이 거의 빠짐없이 빼곡하게 앉아서 면접 시험을 치렀다고 해요. 모두들 똑똑해 보였고 짙은 색 바지에 흰 셔츠, 그리고 짙은 색 조끼나 가디건 등 면접 때 많이 입는 단정한 옷차림을 하고 있었다고 해요.

아이가 면접을 보고 나올 때까지 50분 정도의 시간이 걸렸습니다. 학부모 대기실에서는 전국에서 모인 학부모들이 각기 다른 지방 사투리를 쓰면서 이야기하는 이색적인 풍경을 볼 수 있었지요. 중앙대학교 입학처장님이 학부모들에게 인사를 하시려고 잠시 대기실을 찾아오셨어요. "우수한 자녀분을 저희 대학 면접에 보내 주셔서 감사합니다. 1차 합격하신 것을 축하 드리며 좋은 인연으로 다시 뵙길 바랍니다." 이런 인사말을 들으니 거의 합격한 것처럼 느껴졌고, 한편으로 중앙대학교는 학부모에게 참 신경을 많이 써 준다는 생각이 들었어요. 저는 너무 떨리고 긴장되었지만 아이가 면접 잘 보기를 기도하면서 기다렸지요. 아이가 몇 번째로 면접을 보는지 알 길이 없으니, 매 7분마다 면접을 마치고 학부모 대기실을 찾아오는 학생들을 보면서 이제나저제나 우리 아이가 오기를 초조하게 기다렸어요.

드디어 우리 아이가 면접을 마치고 왔습니다. 그런데 아이의 표정이 그리 밝지 않았어요. 면접 연습을 상당히 많이 하고 갔는데 뭔가 뜻대로 안 된 듯한 그런 분위기였어요. 저는 아이가 오전에 면접을 본 친구와 통화하는 소리를 들으면서 그 이유를 알게 되었어요. 장래 희망, 지원 동기 등의 개인 인성 질문은 준비한 대로 무난하게 대답을 잘했는데, 중소기업 컨설팅할 때 수익은 어떻게 창출할 것인가에 대한 개인 맞춤 질문에 제대로 대답을 못했다는 것입니다. 아이가 예상

밖의 질문을 받고 당황해서 대답을 이상하게 하고 나온 모양입니다. 이 이야기를 듣는 순간, 갑자기 걱정과 우려가 몰려오더군요. 1차 합격해서 너무 기뻤고, 아이가 면접 때 입고 갈 옷을 쇼핑하면서 행복한 고민을 했었던 제가 다시 불안과 걱정의 늪에 빠지고 말았습니다.

어머니들, 제 마음 아시겠죠? 제가 중앙대 경영학과 탐구형 인재전형에 거는 기대는 정말 컸습니다. 저는 이것이 우리 아이에게 가장 잘 맞는 전형이라고 믿었고, 면접 준비도 누구보다 더 열심히 했다고 생각했습니다. 그런데 실제로는 면접에서 아쉬운 결과가 나오더군요. 입시는 아무리 철저히 계획하고 준비해도 그 결과를 한 치 앞도 내다볼 수 없는 것이었어요. 아이가 면접을 잘 봤다고 생각하고 나와도 3배수가 본 면접이라 그 당락을 알 수 없는데, 아이가 시무룩한 표정으로 나와서 면접을 잘 보지 못했다는 말을 하니 그 말을 듣는 제 심정이 어떠했을까요? 눈앞이 캄캄하다고나 할까요, 힘이 쭉 빠진다고나 할까요. 면접 본 날로부터 3주 후쯤인 수능 바로 다음날에 최초합격자 발표가 났는데, 그날 그토록 우려한 대로 합격을 하지 못했어요. 그런데 면접을 잘 보지 못했던 우리 아이와는 달리, 나름 실수 없이 면접을 보았다던 학교 친구 두 명도 합격자 명단에 빠져 있더군요. 사실 그 두 친구들은 우리 아이보다 내신이 더 좋은 학생들이라 이해가 잘 되지 않았습니다. 내신도 우리 아이보다 훨씬 좋고 면접도 잘 봤다고 했었는데 왜 최초합격자 명단에 오르지 못한 것일까요?

그만큼 쟁쟁한 학생들이 경쟁을 펼쳤던 것입니다. 나중에 수시 미등록 충원을 위해 추가합격자를 발표했는데 예비 번호를 받았습니다. 하지만 마지막 순간까지 우리 아이에게는 순서가 돌아오지 않았습니다.

여기서 잠깐! 평범엄마의 한마디

학생부종합전형의 면접

대입 수시 면접을 준비하려면 우선 자신의 학교생활기록부와 자기소개서를 여러 번 꼼꼼히 읽어 보고, 자신에게 물을 질문들을 스스로 뽑아 보는 것이 가장 먼저 해야 할 일입니다. 지원 동기나 진로 계획 등 어느 대학의 면접에서든 공통으로 묻는 질문들은 물론이고, 지원하는 대학의 기출문제나 작년, 재작년의 면접 후기 등을 살펴서 예상 질문을 뽑아 집중적으로 연습해야 합니다. 실전 감각을 익히기 위해서 친구나 부모님이 면접관 역할을 맡아 예상 질문을 물어봐 주고, 면접 장면을 녹화해서 학생 본인이 질문에 답하는 태도를 확인하고 고칠 점은 없는지 체크해야 합니다.

09

수능을 치르다

••• 우리 아이가 2019학년도 대입 수능을 치르던 날을 저는 지금도 잊을 수 없습니다. 수능 바로 전날 밤 아이에게 일찍 잠자리에 들라고 하고는, 정작 저는 너무 떨리고 초조해서 밤잠을 설쳤어요. 수능이 다가오던 어느 날엔 아이의 보온 도시락을 사러 다녔고, 수능 전날엔 친한 엄마들과 연락하면서 도시락 반찬으로 무엇을 준비하느냐고 물어보았어요. 그런데 한 엄마가 수능 만점자 엄마가 준비한 도시락 반찬들을 알려 주었어요. 소고기뭇국에 계란말이, 볶음김치, 김 그리고 귤 한 개였지요. 친한 엄마들과 이렇게 도시락 반찬을 의논하며 수능 전날을 보냈습니다. 우리 아이는 수능 날 점심 시간에 친구들과 모여서 점심을 먹는데 도시락 반찬이 거의 다 비슷한 것을 보고 신기해 했다고 합니다. 엄마들 마음이 다 비슷한가 봐요. 아이가 조금이라도 긴장을 풀고 힘을 내서 시험을 보기를 바라는 마음에 도시락까지

신경 쓰게 되더군요.

수능 날 아침에 저와 남편은 차가 막힐까 봐 일찍 아이를 수능 시험장으로 데려다 줬어요. 우리 아이는 진관고등학교에서 수능을 봤는데, 아이가 차에서 내려 학교 후배들과 선생님의 격려와 응원을 받으며 시험장으로 들어가는 모습을 끝까지 지켜보았습니다. 그리고 저는 교회로, 남편은 회사로 갔어요. 교회에서는 수능 실제 시간에 맞춰서 1교시부터 수능 기도회를 했고, 저는 친한 엄마와 2교시, 3교시까지 함께 기도를 했어요. 긴장이 되고 초조하니까 끝도 없이 기도가 이어지더군요. 학원을 빠지고 PC방 가는 아들 때문에 속상했던 순간들, 아이를 설득하고 설득해도 뜻대로 잘 안 되었던 안타까운 순간들, 그리고 중앙대 면접을 마치고 나오는 아들의 표정을 보고 속 끓였던 일 등등 수많은 기억들이 떠올라 눈물이 앞을 가리더군요. 그 순간 하나님께 기대어 기도하는 것밖에는 할 수 있는 것이 없었습니다.

3교시 기도가 끝나고 저는 아이가 수능을 치르는 고사장으로 다시 출발했습니다. 한 엄마가 수능 치르고 나오는 아이를 안아 주자고 하면서 같이 기다리자고 제안했기 때문이었어요. 아이는 수능 치르고 놀고 싶을 테니 엄마가 수능장 밖에서 기다리는 것을 반길지 어떨지 모르지만, 그래도 얼굴은 한번 보고 싶더군요. 그리고 수능을 잘 봤든 잘 못 봤든 수고했다는 말은 해 주고 싶었어요.

수능을 마치고 학생들이 나오는데 표정들이 별로 밝지는 않았습니다. 엄마가 수능 시험장 밖에서 기다리는 걸 모르고 있던 우리 아이는 저를 보자, '우리 엄마 지극정성인 걸 누가 말려?' 하는 표정으로 저에게 오더라구요. 저는 딱 한마디 했어요. "아들, 수고 많았어." 하고요. 우리 아이는 1교시 국어가 너무 어려웠다고 말했고, 영어도 만만치 않았다고 속상해 했습니다. 하지만 친한 친구랑 그 친구 엄마랑 같이 차를 타고 우리 동네로 오니까 시험이 끝났다는 해방감에 들떠 하더군요. 친구랑 신나게 놀다가 오겠다며 두 녀석이 차에서 내렸어요. 이렇게 우리 아이 수능 날이 저물어 갔습니다.

수능 날 저녁에 예상 등급 컷이 발표되면서 우리 아이는 국어 때문에 걱정이 되어 마음껏 놀지도 못하고 생각보다 일찍 집에 들어왔어요. 그리고 저에게 이런 말을 꺼냈습니다. "엄마, 나 수능 별로 못 본 것 같아. 어쩌지? 다른 수시 여섯 개 대학도 불안해. 아무래도 정시를 지원해야 할 수도 있으니까 정시 설명회 좀 다녀와." 제가 설명회를 너무 자주 간다고 "엄마 참 별나다."라고 말했던 우리 아이가 이제는 불안하니까 정시 설명회도 다녀오라고 자청해서 말하네요. 수능을 본 우리 아이가 그만큼 불안하고 다급했던 것입니다.

그러면 실제로 우리 아이가 수능을 그렇게 망친 것일까요? 신기하게도 6월 평가원 모의고사와 거의 비슷한 결과가 나왔어요. 언어 영역은 간신히 2등급, 수리 영역은 여유 있게 1등급, 외국어 영역은 충격적인 2등급, 그리고 사탐 중 경제는 턱걸이로 1등급, 생활과 윤리는 3등급. 다행히 아이가 지원한 고려대 학종 일반전형의 수능최저학력기준을 간신히 맞췄어요. 생활과 윤리 등급이 낮았지만 사탐 과목 두 개 중 한 개의 등급만 맞추면 되었기 때문에, 경제가 1등급을 받는 데 힘입어 2, 1, 2, 1로 4개 영역 등급 합 6을 맞춘 것입니다.

어머니들, 자녀의 수능 날도 언젠가는 오겠지요? 수능 날 학생들도 떨리겠지만 엄마들도 그에 못지않게 떨리더군요. 수능에서 자녀가 실력 발휘를 해서 대박이 날지, 아니면 받아 본 적 없는 등급을 받으며 아쉬워 할지는 그 누구도 예측할 수 없습니다. 수능 망쳤다고 울고 불고 난리였던 친한 엄마의 아들은 수시에서 행운을 얻어 지금은 명문 대학을 다니고 있어요. 수능은 누구에게나 힘들지만 결국은 이겨 내야 하고 겪어야 하는 통과의례 같은 과정인 듯합니다. ●●●

여기서 잠깐! 평범엄마의 한마디

수능 날

수능 고사장은 대부분 수험생의 집과 상당히 먼 거리에 있어요. 남가좌동에 사는 우리 아이가 은평구 끝인 J고에서 수능을 치렀고, 반대로 평창동에 사는 아이 친구는 우리 동네에 있는 K고에 와서 수능을 봤어요. 그만큼 이동 거리가 있으니 수능 날 아침에 일찍 나오는 것이 중요합니다. 춥지 않게 옷을 입히고 따뜻한 보온 도시락도 싸 주세요. 요즘은 보온 도시락이 예전 만큼 수요가 잘 없어서 대형마트에도 구색이 별로 없고 물량도 부족하다고 하니, 수능 한 달 전부터 보온 도시락을 구해 두는 게 좋겠습니다.

10

운명의 날, 수시 합격자 발표

••• 수능을 본 바로 다음 날은 우리 아이에게 운명의 날이었습니다. 면접을 보았던 중앙대 최초합격자 발표와 수시에 지원했던 서울시립대와 건국대의 1차 발표가 이날에 몰려 있었지요. 저는 아이가 수능을 잘 보지 못한 상황이라 수시 합격자 발표를 더욱 긴장하면서 기다렸고, 아침부터 교회에 가서 수시합격을 기원하는 기도를 드렸어요. 그리고 발표 시간이 가까워 오자, 집에 와서 컴퓨터를 켜 놓고 대기하고 있었지요. 너무나도 떨리는 순간이 왔어요. 그런데 하향 지원했다고 믿었던 건국대 KU자기추천전형에서 1차를 통과하지 못했습니다. 그리고 비교적 안정권이라고 믿었던 서울시립대 학생부종합전형도 역시 1차 합격을 하지 못했어요. 거기다 가장 억장이 무너지는 것은 1차 합격해서 면접까지 보고 온 중앙대 탐구형인재전형에서도 최초합격을 하지 못했다는 것입니다.

이렇게 한날한시에 믿었던 세 개의 대학에 연달아 불합격하자 우리 아이는 너무 상심하더군요. 저도 충격을 크게 받았어요. 아이가 중앙대 면접을 잘 보지 못해서 최초합격이 힘들 거라고 각오는 했었지만, 막상 최초합격도 못하고 예비번호도 못 받으니 그 절망감은 말로 다 할 수 없더군요. 게다가 그나마 안정권에 속했던 두 개 대학에서 1차 서류전형조차 합격하지 못하자, 앞으로 남아 있는 더 센 대학인 고려대, 성균관대, 경희대는 결과를 확인해 보나마나 한 일이 아닐까 하고 낙심이 되었지요.

무엇보다 힘든 것은 아이의 기죽은 모습을 보아야 한다는 것이었습니다. 우리 아이는 어제 수능이 끝났는데 그렇게 좋아하던 PC방도 노래방도 다 마다하고, 집에 와서 틀어 박혀 있었어요. 자존심도 상하고, 앞으로 어떻게 할지 미래가 암울하고, 내년에 남들은 대학을 가는데 자기는 재수 학원에 가게 되는 건 아닌지 너무 불안해 하더군요. 그리고 배에 뭔가 혹 같은 것이 만져진다고, 무슨 큰일이 난 게 아닌지 걱정하기도 했습니다. 아들은 고3 내내 공부 스트레스를 받으면서도 수능까지 완주했는데 수능 점수도 별로인데다, 믿었던 대학 세 군데에서 한꺼번에 불합격을 당하자 스트레스가 극에 달했는지 배가 아프다, 배에 뭔가가 자꾸 만져진다면서 고통을 호소하더군요. 그래서 불안한 마음에 꽤 큰 동네 병원에 가서 상복부 초음파 검사를 받게 했지요. 의사 선생님께서는 초음파상으로 아무것도 보이지 않으니 걱정 안 해도 된다고 하시면서, 수능 보고 스트레스 때문에 간혹 이런 일이 있는데 며칠 안정을 취하면 괜찮아질 것이라고 말씀하셨어요. 저는 아이를 위로하면서 아직 경희대와 고려대, 성균관대의 결과가 남아 있으니 끝까지 마음을 단단히 먹으라고 말해 주었습니다. 그러나 그 당시에는 정말이지 그 세 개의 대학은 더욱 힘들어 보였어요.

그 암울했던 운명의 날이 가고 5일 후, 경희대 학생부종합 레오르네상스전형 1차 합격자 발표가 있었어요. 경희대 발표가 있던 날, 저는 또 교회에 가서 기도를 드렸지요. 그날은 너무도 마음이 힘들어서 기도를 하다가 저도 모르게 엉엉 울고 말았어요. 저는 정도 많고 눈물도 많은 사람이라 영화나 드라마를 보다가도 잘 울었고 교회에서 기도를 하다가도 간혹 감정이 북받쳐 울긴 했지만, 이렇게 대놓고 펑펑 소리 내어 울어 본 것은 처음이었어요. 얼마나 오래 울었는지 정신을 차려 보니까 누군가가 저에게 티슈 한 통을 놓아 주고 가셨더군요. 같이 기도하는 입장이었지만 제가 너무 정신없이 목 놓아 우니까 딱하고 측은했던 모양입니다.

순간 참으로 당혹스러웠고 창피한 생각이 들었어요. 나라가 망한 것도 아니고 부모가 돌아가신 것도 아니지만, 자식이 믿었던 대학들의 수시에서 세 번 연속으로 떨어진 것이 너무 마음 아팠던 것 같아요. 거기다 그날은 가장 경쟁률이 센 경희대 수시 발표가 있던 날이었으니 제 마음은 천 갈래 만 갈래 찢어지듯 아프고 힘들었어요. 경쟁률 8대1도 못 뚫고 불합격했는데, 경희대의 19.2대1이라는 어마어마한 경쟁률을 어떻게 뚫을 수 있을까요? 너무나 절망적인 순간이어서 저도 모르게 펑펑 울었고, 아이가 경희대에 합격할 수 있게 은혜 베풀어 주십사 수천 번을 기도 드렸어요.

그런데 이렇게 절망을 하고 있던 순간에 너무나 감사하게도, 경희대 경영학과 학생부종합 레오르네상스전형에 1차 합격을 했다는 소식을 접하게 되었습니다. 거의 기적이나 다름없는 일이었어요. 한껏 기가 죽어 있었던 우리 아이는 다시 기운을 차렸습니다. 운명의 장난도 아니고 수능 다음 날 몰아닥친 수시 세 번의 불합격 소식에 온 집안이 침울하게 가라앉아 있었는데, 5일 후 경희대에서 1차 합격을 하게 됩니다.

어머니들, 제 얘기가 너무 영화 같죠? 무슨 드라마도 아니고 지어낸 허구의 이야기도 아닌데, 우리 아이의 수시 결과는 롤러코스터를 타듯 올라갔다 내려갔다를 반복했어요. 이렇게 수시가 힘든 거냐구요? 우리나라 대입에서는 수시는 수시대로 치열하고 정시는 정시대로 더 치열해서 어느 것 하나 만만한 것이 없습니다. 지나치게 하향 지원했다고 생각했던 건국대에서조차 1차 서류를 통과하지 못했는데, 아이러니하게도 적정 수준이었지만 경쟁률이 너무 높아서 거의 포기했었던 경희대에서 1차 합격을 하게 됩니다. 우리 아이의 이러한 실제 수시 지원 결과만 보아도 수시가 얼마나 알 수 없는 전형이고 얼마나 예측하기 힘든 것인지를 이해하실 수 있을 것입니다.

11

경희대 학종 레오르네상스전형 1차 합격과 면접

●●● 우여곡절 끝에 우리 아이는 경희대 경영학과 학생부종합 레오르네상스전형에서 1차 합격했습니다. 그리고 열흘 후 경희대에서 면접을 보게 되었어요. 우리 아이는 중앙대 면접의 뼈아픈 경험이 있어서 경희대 면접은 배수의 진을 친다는 각오로 정말 열심히 준비했어요. 서류기반 개별 면접이었던 중앙대 탐구형인재전형의 면접과는 달리, 경희대 면접에서는 제시문 면접과 서류기반 면접 두 가지를 모두 준비해야 했습니다. 경희대의 제시문 면접은 제주 난민 문제나 저출산고령화 문제, 무역분쟁 문제 등 우리 사회의 주요 이슈에 대한 짧은 제시문을 읽고 그 문제에 대한 찬성과 반대 입장을 밝힌 후, 그 근거를 논리적으로 설명해야 하는 면접 스타일이었어요. 긴 제시문을 읽고 깊이 있게 분석하여 질문에 답하는 고려대의 제시문 면접보다는 준비하기가 훨씬 수월했지요. 하지만 경희대 제시문은 해마다 경향이

달라서 올해는 무슨 이슈를 다룰지 알 수 없어서, 시사 이슈부터 사회 문제나 경제 문제 혹은 국제 문제 등을 골고루 준비해야 했어요. 한 마디로 경희대 제시문 면접은 정리하고 준비해야 할 사회적 이슈가 너무나 많아서 쉬운 듯하면서도 은근히 까다로운 그런 면접이었습니다.

우리 아이는 수시 학종 일반전형으로 고려대 경영학과를 지원한 상태여서 어렵고 까다롭기로 유명한 고려대 면접을 전문학원의 추석특강으로 준비한 적도 있었고, 중앙대의 서류기반 면접 및 전공심화 면접도 준비한 경험이 있어서 비교적 수월하게 경희대 면접을 준비할 수 있었습니다. 경희대의 서류기반 면접은 중앙대 면접을 준비하면서 만들었던 질문들과 답변들을 그대로 활용하면 되었기 때문에 별다른 어려움은 없었습니다. 그래도 경희대의 서류기반 면접 스타일에 맞추기 위해 수만휘(수능만점을 휘날리며) 카페와 같이 대입 면접 후기나 정보들을 많이 가지고 있는 인터넷 카페나 블로그, 대입 면접을 다루는 유튜브 동영상 등을 보면서 경희대 면접에 대한 면접 후기와 경험담, 그리고 정보들을 최대한 많이 모으려고 애를 썼지요. 아들은 면접 연습을 하고 저는 계속 면접 후기들을 검색하면서 경희대 면접 예상 질문들을 조금이라도 더 실제에 가깝게 뽑아 보려고 노력했습니다.

문제는 경희대의 제시문 면접을 준비하는 것이었어요. 경희대 입학처 홈페이지에 들어가 보면 면접 기출문제와 예시 정답까지 모두 공개되어 있었습니다. 경희대처럼 입학처 홈페이지에 지난 대입 자료를 상세하게, 그리고 친절하게 공개하는 대학교는 드물어요. 경희대 입학처 홈페이지에 가면 경희대 입시에 대한 거의 모든 정보를 보실 수 있답니다. 저는 우선 경희대의 최근 3년간 면접 기출문제를 모두 출력했어요. 제시된 정답까지도 모두 뽑았죠. 자료가 3개밖에 안 되느냐구요? 경희대 학생부종합전형에는 레오르네상스전형뿐 아니라 고른기회전형도 있었기 때문에 면접 기출문제 자료가 6개나 있었습니다. 우리 아이는 이러한 제시문 면접 기출문제를 보면서 연구하고 분석해서 자기 의견을 정하고 그 근거도 두세 가지 정도 말하는 식으로 준비했어요.

또한 그 당시 시사 이슈들을 쭉 살펴보고 가장 뜨거운 찬반 양론을 일으키는 주제들을 선정해서 준비했습니다. 사회 이슈로 제주도 예멘 난민 문제, 미투운동, 한류스타 병력 혜택 논란, 펜스 룰 등을 뽑았고, 경제시사 이슈로 최저임금인상 문제, 근로시간단축, 가상화폐 열풍, 승차공유 카풀제 논란, BMW 화재 논란 및 징벌적 배상제도 확대 문제 등을 선정했어요. 정치 문제로는 남북 정상회담, 대법원의 사법농단 사건, 드루킹 댓글 사건, 9 · 19 평양선언, 북핵 문제 등을 선택했어요. 그리고 이에 대한 찬성과 반대 입장을 정하고 그 근거를 논리적으로 말하는 연습을 했습니다. 이슈를 찾아보고 선정하는 과정을 아이와 제가 같이 했어요. 이런 이슈는 사회적 파장이 크고 의미가 있으니까 선택하고 저런 이슈는 좀 경미하니까 제외시키는 방식으로 서로 의논하면서 결정했지요.

드디어 경희대 면접을 보는 날이 왔어요. 2018년 12월 1일 토요일 2시에 경희대 경영학과 레오르네상스전형 면접이 있었습니다. 1시 30분까지 면접 대기실에 입실해야 해서 집에서 점심을 일찍 먹고 좀 여유 있게 출발했어요. 토요일이라 길이 막히면 어쩌나 하고 걱정도 되었고 학교에 차를 가져오지 말라는 공지가 있어서, 안전주의자인 저와 아들은 지하철을 타고 경희대에 갔어요. 아이와 경희대 정문을 들어서는데 이번에는 면접을 잘 봐서 제발 최종합격 했으면 좋겠다는 생각밖에 안 나더군요. 혹시나 하고 기대했던 고려대도 1차에서 탈락한 상황이라 경희대를 놓치면 이제는 다른 카드가 없었기 때문입니다. 우리 아이도 중앙대 면접 때보다 더 긴장하는 눈치였어요. 이게 마지막 기회라고 생각하니까 더욱 떨렸던 모양입니다.

청운관 건물에서 1시 20분쯤 아이와 헤어지고 저는 기약 없는 기다림의 시간을 가지게 됩니다. 아이의 면접 순서가 어떻게 될지 알 수 없었고, 만약 면접 순서가 늦으면 최악의 경우 5시가 넘도록 아이는 밖으로 나오지 못할 수도 있었지요. 경희대에는 제시문 면접이 있어서 면접을 치르는 모든 학생들이 동일한 제시문을 받게 되니까 문제 유출을 막기 위해, 자기 면접 차례가 올 때까지 세 시간이고 네 시간이고 면접 대기실에 갇혀 있어야 했어요. 저는 아이가 긴장 속에서 너무 오래 대기하면 오히려 집중력이 떨어지고 힘이 빠질까 봐, 너무 일찍도 너무 늦게도 아닌 딱 3시 30분쯤 면접을 마치고 나왔으면 좋겠다고 생각했습니다.

경희대에서는 아이들이 면접을 보는 청운관 건너편 건물을 학부모 대기실로 마련해 놓고 학교의 홍보영상을 틀어 줬어요. 그런데 2시가 넘어가자 너무 초조해서 따뜻한 대기실에 도저히 앉아 있을 수가 없더군요. 저는 그날이 초겨울 치고는 꽤 온화한 날씨여서 그냥 청운관 앞 벤치에 앉아서 아이를 기다리기로 했습니다. 아이가 언제 면접을 마치고 나올지 알 수 없는 상황에서 건너편 건물에서 대학 홍보영상을 보고 있을 마음의 여유가 없더군요. 그리고 좀 추워도 자식이 힘들게 면접을 보고 나오는데 조금이라도 더 일찍 얼굴을 봐야겠다는 마음이 들어서였어요. 2시 10분부터 각 면접실에서 첫 번째로 면접을 본 학생들이 나오기 시작했습니다. 혹시나 해서 봤는데 아직이었어요. 그리고 3시가 되고 4시가 되었지요. 이제나저제나 아이가 면접을 마치고 나오기만을 기다렸는데, 우리 아이는 면접 순서가 많이 늦은지 아직 나오지 않았어요. 오후 4시가 되자 겨울의 해가 힘을 잃으면서 온화했던 날씨가 쌀쌀하게 돌변하더군요. 겨울 바람이 차갑게 불고 너무 추워서 어디 따뜻한 곳에서 차라도 한잔 마시고 싶은데 우리 아이가 언제 나올지 모르니 그 앞을 떠날 수가 없었어요.

5시 10분이 넘어서 우리 아이가 지친 표정으로 면접실을 나왔습니다. 아이가 너무 지쳐 보여서 저는 수고했다는 말만 하고, 이것 저것 궁금한 게 많았지만 묻지 않았어요. 남편이 차로 우리를 데리러 와서 아까부터 기다리고 있었고, 함께 차를 타고 집 근처로 와서 외식을 했지요. 차를 타고 오는데 아이가 같이 경희대 면접을 본 학교 친구랑 통화를 하더군요. 우리 아이는 이번에도 면접을 시원하게 잘 보지 못한 모양입니다. 서류기반 면접은 괜찮게 대답한 것 같은데, 제시문 면접에서 깔끔하게 대답을 하지 못했다고 했어요. 경희대 면접을 끝으로 우리 아이는 수시에서 해야 하는 모든 과정을 다 마쳤고, 이제는 최초합격자 발표만 남겨 놓고 있었습니다.

어머니들, 우리 아이의 경희대 면접은 이렇게 준비했고 또 이렇게 치렀어요. 준비할 때는 나름대로 열심히 한 것 같았는데 실전은 또 다르더군요. 결국 면접은 준비해 간 예상 질문을 암기해서 매끄럽게 말하는 것을 요구하는 시험이 아니라, 생각 못했던 문제를 만나고 그것을 분석해서 견해를 밝히고 그 근거를 논리적으로 제시하는 능력을 묻는 시험인 것입니다. 1차 합격만 해도 좋겠다고 생각했었는데 면접도 만만치 않다는 것을 두 번의 면접을 겪으면서 뼈저리게 느꼈습니다.

●●●

여기서 잠깐! 평범엄마의 한마디

학생부종합전형의 대입 면접

대입 수시 면접은 학교별로 차이가 있지만, 일반적으로 서류기반 개별 면접과 제시문 면접 등으로 진행됩니다. 개별 면접은 수험생 자신에 대한 질문이지만 미리 예상 질문들을 뽑고 준비해 가는 것이 좋습니다. 그리고 제시문 면접은 정치, 경제, 사회, 윤리, 과학 등의 분야에서 논란이 되는 이슈에 대한 찬성과 반대 입장을 밝히고 그 근거를 논리적으로 말하는 시험이므로, 다양한 시사 이슈를 연구하고 답변을 준비해야 합니다. 그러나 결국 비판적 사고를 가지고 자신의 의견을 논리적으로 조리 있게 전달할 수 있는 소통능력을 갖추어야 한답니다. 이렇게 하려면 독서와 글쓰기가 뒷받침되어야 해요. 그래서 어려서부터 독서를 꾸준히 하는 것이 가장 중요합니다. 면접에 대한 보다 자세한 사항은 제 블로그 '평범엄마의 우리아이 대학진학비법과 알짜교육정보'의 '성공하는 대학입시의 모든 것 – #46.엄마라면 꼭 알아야 하는 대학진학비법, 성공하는 수시면접의 모든 것'을 참고하세요.

12

경희대 최종합격, 우리 아이 드디어 인서울 대학 가요

••• 경희대 면접을 보고 2주 후, 경희대 최초합격자 발표가 있었습니다. 중앙대에서 면접까지 보고 최초합격을 못했던 기억이 있어서 우리 아이와 저는 마지막까지 마음을 놓지 못했어요. 게다가 우리 아이가 경희대 면접을 깔끔하게 잘 보지 못해서 더욱 심란했지요. 우리 아이는 수능을 본 뒤에 스트레스로 인해 배에 덩어리 같은 것이 만져진다고 호소를 해서 병원에서 상복부 초음파 검사를 했었지요. 그런데 이번에 경희대 면접을 보고는 정신적 스트레스가 심했는지 걸을 때 스펀지 위를 걷는 것처럼 아찔하고 어지럽다고 했습니다. 몸이 약한 아이도 아니고 덩치도 좋고 체력도 좋은 아이인데 이렇게 어지럼증을 호소하니까 저는 또 걱정이 되었지요. 우선 이비인후과에 데려가서 어지럼증의 원인을 알아보려 했는데 이석증일 확률이 있다며 약을 처방해 주셨어요. 그런데 약을 며칠 먹어도 어지럼증이 사라지지

않아서 결국 신경내과까지 가서 각종 검사를 받았어요. 거기서도 별다른 이상 소견을 발견하지 못했습니다. 역시 만병의 근원은 스트레스였어요.

자기는 자유로운 영혼이라면서 치열한 내신 기간에도 여유를 부리며 컴퓨터 게임을 한두 판은 꼭 하던 우리 아이, 자기는 공부가 너무 싫고 친구랑 어울리는 게 너무 좋다던 낭만파 우리 아이에게 입시는 너무 큰 스트레스였던 것 같아요. 병명도 모른 채 어지럼증을 앓으면서 경희대 최초 발표를 기다려야 했습니다. 허세 부리고 센 척했던 우리 아이는 자신이 내년에 갈 곳이 없을까 봐 걱정이 되었다고 해요. 대학 가기가 이렇게 힘든 줄은 몰랐던 것이지요. 놀고 싶어도 꾹 참고 고등학교 3년간 한눈 한 번 안 팔고 착실하게 공부했던 주변 친구들이 연세대를 합격하고 서울대를 합격하는 모습을 지켜보면서, 내심 엄청나게 부러웠고 철없이 놀았던 일이 너무 후회스러웠다고 합니다.

아이가 게임에 몰입하고 학원을 빠지면서 한창 속을 썩일 때, 저는 몇 번이고 아이에게 경고하듯이 물어보곤 했어요. "너 정말 지금 논 거 후회 안 할 자신 있는 거지? 확실하지?" 하고요. 내신 기간인데 PC방 가는 아들이 너무도 한심해서 수십 번 물어본 질문이었어요. 그때마다 우리 아이는 배짱 좋게 허세 부리며 "후회 안 한다고. 후회 안 할 거라고 했잖아. 그러니까 엄마는 신경 꺼." 하고 말했었지요. 그러나 결국 그랬었던 아이도 대입 앞에서는 후회하더군요. 자존심 때문에 후회한다는 말은 못하고, 스카이 대학에 합격하는 아이들을 너무 부러워 하면서 간접적으로 후회하는 마음을 내비쳤어요. 자식의 이런 모습을 지켜보는 부모의 심정을 아시나요? 참 안타까웠습니다. 그런데 이제 와서 후회하면 무슨 소용입니까?

마침내 경희대 최초합격자 발표가 있었고, 우리 아이는 최초합격은 못했지만 합격이나 다름없는 앞자리 예비번호를 받게 되었습니다. 그날도 교회에서 기도를 하고 집에 오는 길이었는데 아이가 기뻐하며 전화를 했더군요. "엄마, 나 경희대 예비번호 받았어." 저는 그 번호의 의미를 너무나 잘 알고 있었기 때문에 이건 거의 최종합격이나 다름없음을 확신했어요. 도대체 예비번호가 뭐길래 그렇게 좋아하냐구요? 대학에서 최초합격자를 발표할 때 최초합격자가 이 대학에 등록하지 않을 경우를 대비해서 그 다음 순위의 지원자들에게 예비번호를 주고 그 순서대로 빈자리를 충원하여 최종합격시키는 것입니다. 그런데 이 대학이 연세대나 고려대 정도의 높은 레벨이면 미등록하는 학생이 거의 없기 때문에, 사실 예비번호가 앞 번호라 하더라도 충원합격될 확률이 떨어지게 됩니다. 그러나 성균관대, 경희대, 중앙대 같은 중상위권 대학에서는 이 대학보다 상위 대학에 중복 합격한 학생들이 미등록하는 경우가 많아서 충원률이 100%를 넘는 경우가 많았어요. 경희대 경영학과 레오르네상스전형의 충원률도 해마다 100% 가까이 되어서, 예비번호를 앞자리로 받은 경우는 거의 합격권이었던 것입니다.

어머니들, 이렇게 해서 우리 아이는 결국 수시 추가합격자 발표 첫날에 바로 경희대학교 경영학과에 최종합격을 하게 되었습니다. 그리고 저의 험난했던 자식 뒷바라지는 이렇게 유종의 미를 거두면서 막을 내립니다. 물론 자식을 대학에 보내면 모든 것이 해결되고 모든 일이 끝나는 것은 아닙니다. 그래도 고등학교 3년간 속앓이 하면서 살던 삶과는 완전히 다른 삶이 시작되는 것만은 분명해요. 무엇보다 마음의 여유가 생기더군요. 이제 쫓길 것도 없고 속 썩을 일도 별로 없어요. 대학 붙은 아들이 밤늦도록 게임을 해도 밉지 않았고, 용돈을 좀 과하게 써도 밉지가 않았어요. 재수했다면 집안 기둥 뿌리가 흔들릴 정도로 다시 막대한 비용이 들 텐데, 그 정도 용돈은 아무것도

아니라는 생각이 들어서 자식에게 한없이 너그러워졌어요.

모든 일에는 시작도 있지만 끝도 있는 법이라고 하더니 정말 저에게도 입시에 마침표를 찍는 순간이 마침내 왔습니다. 저를 딱하게 생각하시고 제 기도를 들어주신 하나님께 감사 드리고, 제 속을 썩인 적도 많았지만 마지막까지 공부를 놓지 않고 노력한 우리 아이에게도 고맙고, 별난 와이프 만나서 하루도 집안이 조용할 날 없어서 힘들었을 제 남편에게도 미안하고 감사한 마음이 들었어요. 그때나 지금이나 그저 감사한 마음뿐입니다.

•••

맺음말
: 초등부터 대입까지 자녀 교육 큰 그림 그리기

이 책을 통해 초등학교 입학부터 대입에 이르기까지 제 아이의 교육 이야기와 과정들을 소상히 알려 드렸습니다. 자녀 교육을 하던 순간에는 앞이 안보이고 너무나 막막했는데, 이 과정을 다 지나고 나니 얻게 되는 뒤늦은 깨달음이 있더군요. 제 자신이 자녀 교육에 대해 치열하게 고민했고 매 순간 최선을 다했지만 늘 아쉽고 확신이 없었던 엄마였기에, 이 글을 쓸 수 있지 않았나 생각합니다.

아이들마다 성격이나 상황이 모두 다르기 때문에 저의 자녀 교육 이야기가 학부모님들의 자녀와 맞지 않는 점도 있을 거예요. 그러나 우리 아이들의 성장 과정은 상당히 닮아 있고 초등학교, 중학교, 고등학교, 대입까지 교육의 주요 시기마다 비슷한 생각과 고민을 하게 되지요. 그래서 제 이야기에서도 부모님들이 참고할 내용들이 있으리라 생각합니다. 비슷한 시기에, 비슷한 고민들을 하고 계실 부모님들께 자녀 교육의 전체 과정을 보여 드리면서 그 안에서 참고할 사항들은 자녀에게 맞게 취사선택하시길 바랍니다. 저의 교직 경험과 자녀 교육 경험을 통해 제가 터득하게 되었던 깨달음을 공유하면서 부모님들께서 초등부터 대입까지 자녀 교육의 큰 그림을 그리실 수 있도록 돕고 싶습니다.

초등부터 대입까지 자녀 교육의 큰 그림을 그리면서 장기적 계획을 세우려면 어떤 점을 특히 유념해야 할까요?

첫째, 자녀 교육의 장기 계획을 세울 때, 독서가 그 중심에 있어야 한다고 생각합니다. 독서가 모든 공부의 기초가 되고 독서를 통해 이해력, 사고력, 분석력 등을 기를 수 있어서 우리 자녀들의 학습을 위한 기본 능력을 높일 수 있어요. 또 독서를 통해 어휘나 지식, 정보 등을 자연스럽게 습득하면서 우리 아이들의 배경지식이 늘어납니다. 제가 중학교와 고등학교에서 학생들을 가르치면서 절실하게 느꼈던 것은 '학습은 무에서 유를 창조하는 것이 아니다'라는 것이었어요. 학생들이 아무 것도 모르는 상황에서 새로운 어떤 것을 배우는 것이 아니라, 기존에 자기가 알고 있던 배경지식에 새로운 지식을 연결시키면서 학습을 한다는 것입니다. 독서를 통해 바로 이러한 배경지식을 확장시켜 줄 수 있는 것이지요.

그러면 이렇게 중요한 독서를 가정에서 어떻게 지도해야 할까요? 아이가 한글을 익혔다고 해서 아이 혼자 책을 읽게 하는 것보다는 초등학교 저학년 때까지는 부모님이 아이와 함께 책을 읽어 주세요. 초등 저학년 시기는 독서 지도의 결정적 시기라고 생각합니다. 이때 아이가 독서에 재미를 붙이고 책을 읽는 습관을 형성해야 앞으로 아이의 독서가 계속 이어질 수 있어요. 초등 3, 4학년부터 독서 토론 수업에 참여하는 것도 권해 드립니다.

둘째, 자녀 교육의 큰 그림을 그릴 때, 자녀의 수학 기본기를 세워야 합니다. 초등부터 기초적인 수 개념과 연산, 수학의 기초 개념들을 배우게 됩니다. 그런데 초등부터 형성되는 수학의 기본기가 대입까지 가는 경우가 많습니다. 수학 과목은 단계형 교육 과정으로 되어 있어 앞 단계의 개념을 익히지 못하면 뒤 단계의 개념을 배울 수 없게 됩니다. 결국 수학 공부의 핵심은 공식이나 유형 암기 혹은 많은 문제 풀기가 아니라 개념에 대한 정확한 이해입니다. 초등 시절부터 무리하게 선행 학습을 할 것이 아니라 현 단계의 수 개념을 이해하는 데 집중하여 부족한 파트에 대해 복습을 하는 것이 필요합니다. 현 단계에서 우수한 성취를 보이는 자녀들은 선행 학습이 아니라 현 단계의 심화 학습을 추천 드립니다.

많은 부모님들이 어려운 고교 수학에 대비하여 중학생 자녀들에게 고등학교 수학 과정을 미리 선행시키고 계실 것입니다. 하지만 저와 제 아이가 경험해 보니, 수학 선행은 기대와는 달리 효과가 미미하였고, 오히려 여러 가지 부작용을 일으켰어요. 초등 자녀나 중학생 자녀들에게 수학 선행 학습은 권해 드리지 않고 있습니다. 그러나 고입을 앞두고 있는 중3 자녀들에게 6개월 정도의 수학 선행은 필요하다고 생각합니다.

셋째, 초등 시기부터 영어 실력의 기초를 탄탄하게 쌓아야 합니다. 초등학교에서 정식으로 영어를 배우게 되는 것은 3학년부터이지만, 초등 입학을 전후로 해서 많은 부모님들이 영어 교육에 관심을 가지고 직접 가르치시거나 학원에 보내고 계시지요. 그런데 초기 영어 교육은 알파벳, 즉 글자부터가 아니라 원어민의 말소리부터 듣는 것으로 시작해야 합니다. 영어도 언어이기 때문에 모국어를 배우는 순서처럼 먼저 소리를 듣게 하고 글자는 나중에 들어가야 하는 거예요. 영어 동요, 원어민의 동영상, 애니메이션 등에 노출시켜 주고 아이가 한 두 마디 따라하거나 말할 수 있게 하세요. 이렇게 영어 말소리를 듣게 하는 과정을 적어도 1년 정도 하고 난 후에 알파벳을 가르치고 파닉스를 알려 줄 것을 권해 드려요.

초등 영어 교육에서 파닉스를 건너 뛰지 말고 간단히라도 배우게 해야 합니다. 파닉스를 익히는 데 1~2년 정도의 시간이 걸리지만, 파닉스를 알아야 새로운 단어를 만날 때 읽으려는 시도를 하게 되고, 또 앞으로 단어를 암기할 때 소리를 통해 쉽게 철자를 유추할 수 있는 능력이 생깁니다. 파닉스를 익힐 때쯤 자녀에게 영어 원서 읽기를 시도해 보실 것을 추천 드립니다. 파닉스를 배우고 초기 읽기 훈련용 교재인 리더스를 단계별로 읽다보면 원어민의 생생한 어휘 표현과 자연스러운 영어 어순을 접하면서 어휘와 문법이 체득되고 영어 독해력이 신장됩니다. 초등학교 때부터 차곡차곡 쌓아올린 영어 실력은 중학교와 고등학교에 올라가면 우리 아이의 강점이 되어 줄 수 있어요.

넷째, 자녀 교육의 큰 그림을 그리실 때, 자녀의 적성을 파악하고 진로를 탐색하는 노력을 꾸준히 하셔야 합니다. 아이에게 독서를 시키고 수학의 기본기와 영어 실력을 쌓게 하는 것은 궁극적으로 우리 아이의 진로를 열어 주기 위해서입니다. 초등 시기부터 다양한 체험과 시도를 통해 아이의 소질이나 적성을 발견해 내는 것이 중요합니다. 고입 전까지 아이의 진로를 정하면 자녀 교육의 큰 그림을 그릴 때 대단히 유리하고 수월해 집니다. 제 아이가 학생부종합전형으로 인서울 대학 경영학과에 합격할 수 있었던 비결도 바로 고입 전에 아이의 진로를 정해서 이 진로에 집중해서 학교 활동과 내신을 관리했기 때문이라고 생각됩니다. 진로를 정하는 일은 하루 아침에 되는 일이 아닙니다. 꾸준한 관찰과 관심, 그리고 아이와 진로에 대한 대화가 필요합니다.

마지막으로 사춘기의 무난한 통과도 자녀 교육에서 중요합니다. 사춘기가 고입 혹은 대입에서 변수로 작용하는 경우가 많아서 자녀 교육의 최대 고비라고 생각됩니다. 그래서 자녀가 사춘기 없이 지나가길 바라시는 부모님들도 계시지만, 사춘기도 성장을 위해 꼭 겪어야 할 통과의례와 같은 과정입니다. 이 시기를 갈등과 마찰로 서로에게 상처를 입히면서 보낼 것인가요? 혹은 어른인 우리 부모님들께서 통 크게, 자녀를 수용해 주시고 믿어주고 기다려 주실 것인가요?

부모님들은 반항적이고 무례해 보이는 사춘기 자녀의 태도를 방치했다가 자식 버릇을 망치는 것이 아닐까 걱정이 되어서 지적하고 훈계한 것인데, 아이들은 지긋지긋한 간섭과 통제라고만 생각하니 충돌과 마찰이 생깁니다. 사춘기 때 돌변한 자식의 태도에 너무 우려하시지 마세요. 아직 일관된 자기의 정체성을 확립하지 못해서 충동적으로 행동하다 보니 생기는 일이므로 이런 태도가 아이의 인성으로 굳어지는 것은 아닙니다. 성장하면서 몇 년 후에 이런 반항적인 모습을 스스로 수정하고 조정해 나가더군요. 그러니 자녀의 사춘기는 우리 부모님께서 인내와 기다림으로 자녀를 품어 주시고 자녀가 무난하게 사춘기를 지나도록 도와 주실 것을 권해드려요.

초등학교 때부터 대입까지 아이를 교육하는 과정에서 제가 얻은 결론은 '자녀와의 갈등을 최대한 줄이면서 교육하자' 입니다. 안타깝게도 저는 이런 깨달음을 너무 늦게 얻는 바람에 4년 가까이 아이와 갈등하면서 보냈습니다. 자녀를 교육하면서 제가 겪었던 시행착오와 후회로 가득 찬 이야기들을 참고하셔서 부모님들께서는 마음 고생을 적게 하시면서 지혜롭게 자녀와의 갈등을 줄이시길 바랍니다. 그리고 부족하지만 제 이야기에서 자녀 교육에 대한 아이디어와 정보를 얻으시고 초등부터 대입까지 자녀 교육의 큰 그림을 그리실 수 있기를 소망합니다.

개정 증보판을 내면서
평범엄마 박원주